새 기르기와 번식법

한국 관상조류협회 부회장
강서 동물원 원장 김현호 감수

전원문화사

카나리아류

1 황카나리아 **2** 붉은 털 카나리아 **3** 노우위치 카나리아 **4** 권모카나리아 **5** 날개에 색깔이 있는 그로스터 카나리아

회색앵무(요옴)·앵무류

1 **녹색 앵무** : 18.0 cm, 멕시코에서 중미, 콜롬비아에 분포
2 **솜모자 녹색 앵무** : 19.5～21.0 cm. 에콰도르의 태평양 연안에 분포
3 **황모자 녹색 앵무** : 16.5～18.0 cm. 아마존하 유역에 분포
4 **노랑 깃 앵무** : 21.5～23 cm. 브라질, 아르헨티나, 파라과이 북부에 분포
5 **검은머리 흰배 앵무** : 23.0 cm. 베네수엘라, 브라질, 콜롬비아, 페루에 분포

사랑앵무(잉꼬)류

1 흰색 오파린 앵무(레이스 모양의 날개의 백색 오파린)
2 흰색 앵무(빨강 눈 순백색 앨비노)
3 황색 앵무(레이스 모양의 날개. 일명 레이스윙 에로우)
4 빨강 눈 앵무(빨강 눈 순황색. 일명 루치노우)
5 푸른날개 앵무 : 27.0~30.0cm. 오스트레일리아 남부 내륙에 분포

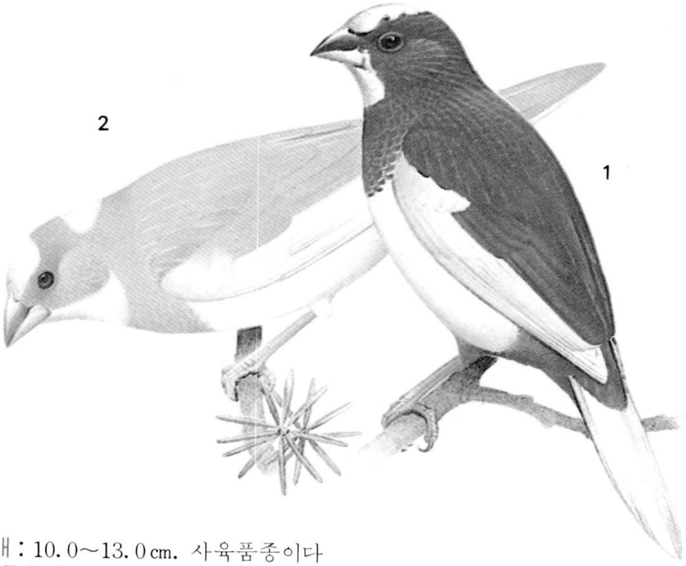

2

1

십자매 : 10. 0~13. 0 cm. 사육품종이다
1 보통(並) 십자매
2 감색(茶色) 십자매

1 문조 : 12. 5~15. 0 cm. 자바 섬(島), 발리 섬에 분포. 세계 각지에서 수입하여 기르고 있음
2 백문조

핀치류

호금조 : 12.0~14.0cm. 오스트레일리아 북부에 분포. 왼편부터 **1** 검은머리(黑) 호금조의 수컷과 암컷, **2** 붉은머리(赤) 호금조의 수컷, **3** 노란머리(黃) 호금조의 수컷

4 줄무늬 금화조 : 10.0~11.0cm. 인도 중앙부에 분포 **5 홍작** : 10.0cm. 파키스탄 서부에서 인도, 스리랑카, 버마를 거쳐 중국 서남부, 인도네시아까지 분포. 세계 각지에 수입되고 있다

큰코뿔새류

1 삼색 노랑가슴 큰코뿔새 : 45.5~56.0cm. 중미에서 멕시코 남부를 거쳐 베네즈엘라에 분포

2 줄무늬 중코뿔새 : 38.0~40.5cm. 분포는 위와 같음

3 피이리코 중코뿔새 : 22.5~33.0cm. 아르헨티나 북부에서 브라질 남부에 분포

금계 : 왼편에 암컷, 오른편이 수컷. 꿩류의 한패는 암컷에 비해 수컷이 매우 아름다운 색채를 띠고 있다

야조류

동박새 : 나무열매나 화밀, 곤충을 즐겨 먹으며, 떼를 지어 몰려다니기를 좋아한다. 뜰에 열매를 맺는 초목을 심으면, 야조는 즐겨 먹으러 온다

참새 : 가장 흔한 야조이다. 모이대(台)에 빵이나 피, 좁쌀 등을 놔 주면 새끼와 같이 먹으러 오는 수도 있다

윤녹색 찌르레기 : 20.0~23.0cm. 사하라 사막 이남의 아프리카 각지에 분포. 암컷은 수컷보다 작다

머 리 말

가까운 곁에서 새와 더불어의 생활! 그 새가 새장 안의 관상용이든, 뜰에 날아오는 야조(野鳥)이든, 새의 존재는 즐거운 것이며 더구나 삭막한 도시 공간속에서 새소리를 듣는 것은 신선한 기쁨과 아울러 마음의 여유를 회복시켜 주는 것이다.

최근 새를 기르며 고운 자태와 맑은 지저귐을 즐기는 사람들이 늘고 있다. 이같은 소형 애완동물 기르기는 큰 동물을 기를 수 없는 아파트 단지와 같은 곳에서 정취어린 자연을 즐길 수 있고 빛깔이나 자태와 울음소리도 감상할 수 있어 더욱 인기를 끌고 있다.

도시인들의 정서 순화는 물론 어린이들이 동물의 성장과 번식을 배울 수 있는 역할도 하는 장점이 있다. 또 새를 기르는데는 큰 돈이나 많은 노력이 드는 것이 아니므로 손쉽게 시작할 수 있는 것이다.

어떠한 새이거나 그 생명을 지켜 키운다는 것은 그리 쉬운 일이 아니다. 알고나면 간단하지만 모르기 때문에 새기르기에 실패하는 경우가 많다. 그래서 이 책에서는 사육조의 일반적 종류에 대해, 가정에서 실제 기르는데 도움이 되는 점을 중점적으로 필요한 용구, 모이, 매일의 관리, 계절의 관리, 번식 방법 등을 항목으로 나누어 처음 새를 기르는 사람이라도 알기 쉽도록 해설하였다. 또 필요에 상응하여 손노리개로 키우는 방법, 가모(假母) 등의 항목과 질병과 치료에 대해서도 그 증상, 원인 치료법까지 상세히 해설하였다.

한 마리의 새가 우리의 가정을 얼마나 단란하게 해주느냐는, 실제로 새를 키워보지 못하고는 느낄 수 없는 것이다. 그곳에 새를 기르는 깊은 뜻이 있는 것이다.

본서는 처음 새를 기르는 사람의 지침서가 될 수 있도록 상세히 엮었다. 새를 사랑하는 사람이 한 사람이라도 불어나 그런 분에게 참고가 되었으면 한다.

편집자 식

● 차 례

머리말

새 기르는 법, 즐기는 법

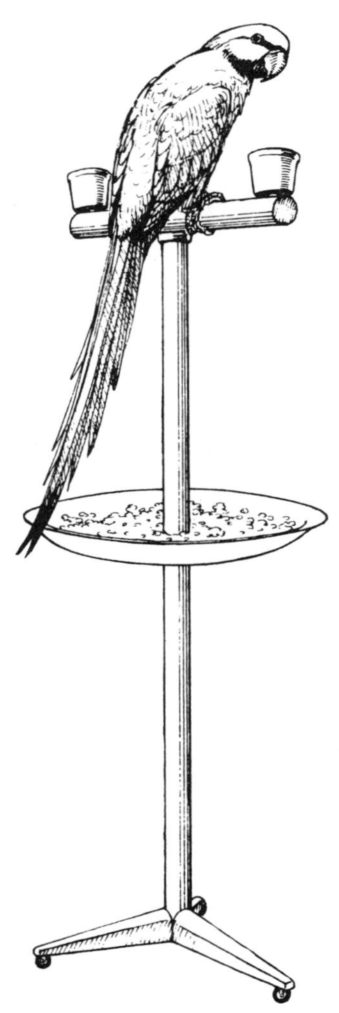

새 기르는 법
즐기는 법

새를 기르기에 앞서

최근 새를 비롯하여 여러 가지 애완 동물을 기르는 사람이 급격히 증가하고 있다. 이것은 우리 나라에 한 한 현상이 아니며 세계적인 경향인 것이다.

기계문명이 굉장한 추세로 진보되어 자칫하면 상실하기 쉬운 인간성을 동물이나 식물에 의해 추구해 보려는 것은 당연한 귀추라 생각된다.

이것은 또한 무수한 자연이 인류의 진보라는 명실하에서 파괴되는 일편으로, 자연보호의 운동이 차츰 드높아지는 사실과 결코 무관하지 않기 때문일 것이다.

지금 당신이 한 마리의 새를 기르며 소중히 키우는 것은 당신의 인간성을 되찾고 잃어져가는 자연을 회복시키는 하나의 계기가 된다고 생각할 수 있는 것이다.

자칫 메마르기 쉽고 직선적인 현대의 하루의 생활을 끝내고 집에 돌아왔을 때 탁자에 놓인 한 그루의 분재나, 현관의 한 구석에서 당신을 기다리고 있는 길들어진 새들이 얼마나 마음의 안온함을 가져다 줄 것이며, 내일의 활동에 원천이 될 것인가.

오늘날 만큼 동물을 사랑하고 자연을 보존해야 한다는 필요성이 고조되고 있는 시대는 없었다. 하지만 아무리 말로만 그 필요성을 설파하느니 보다는 한 마리의 새를 소중히 기르는 것이 지름길이라 생각된다.

여하튼 길러 보면 그곳에서 생명의 존엄성, 자연이 지니는 엄숙성이 실감

새는 우리들의 마음을 온화하게 해 준다

있게 이해되기 때문이다.

동물애호 사업에 생애를 바치고 있는 전 창경원 동물원장이었던 모씨에 의하면 「새를 소중히 기르는 가정에 비행소년은 생기지 않는다」라 말하고 있는데 과연 핵심을 찌른 표현이라 느껴진다.

당신 집에 뜰이 있으면 그 한 구석에 모이상자를 만들어 주어 산이나 들에서 사는 야조(野鳥)를 꾀어들게 하는 것도 좋으며 뜰이 없는 맨션이나 아파트 생활이라면 현관 한 구석에 색채가 화려한 양조(洋鳥)를 길러보는 것도 좋을 것이다.

당신의 가정은 전보다 훨씬 안온해질 것이며 아이들은 부지불식간에 생명의 존엄성을 알게되는 인간으로 성장하게 될 것이다.

당신이 만약 학교의 선생님이라면 교정 어디든 여유가 있는 곳에 가금사(家禽舍)를 만드는 것도 좋을 것이다. 학생들은 기꺼이 돌볼 것이며 교과서에서 배울 수 없었던 풍부한 지식을 얻게될 것이 틀림이 없다.

다방이나 점포, 은행 등에서 백그라운드 뮤직 대신으로 기르면 색다른 정서를 손님에게 느끼게 할 것이다.

기계문명에만 파묻혀 사는 일상생활이 자칫, 인간미가 없는 쌀쌀한 사람으로 되고 마는 우리들 생활 일부에 새가 있다는 것은 즉, 인간이 인간답게 생활하고 있다는 하나의 증명과 같이 느껴지는 것이다.

밭고랑에서 즐겨 노는 멧새

사육조에 대하여

이 지구상에는 약 8,500종의 새가 있다. 북극에서 남극까지 세계 어느 곳에나 생식하고 있는데 이 중 사육조(飼育鳥)는 대충 500여종이다.

자연의 산야에서 사는 새를 야조(野鳥)라 하며, 그 야조를 새장에서 기르는 새를 사육조라 함은 물론이다.

물론, 사육조라는 특수한 그룹이 따로 있는 것은 아니지만 자연의 새 중에서 인간의 기호에 맞으며 더구나 기르기 쉬운 것이, 오랜 동안 사람에 키워져 야생의 상태에서 상당히 멀어져 독자적인 지위를 형성해온 것이다. 따라서 이러한 사육도 대개는 아름답고 귀여운 모양을 하고 있다. 또한 울음소리도 좋은 것이 많이 있다.

그래서 참새, 꾀꼬리, 종달새, 동박새, 끈줄박이, 찌르러기, 쇠딱다구리, 등고비 따위는 야조의 족속에 속하며, 십자매, 카나리아, 문조, 금화조, 앵무 따위는 사육조로 분류된다.

사육조의 역사

사육조의 역사는 개나 고양이와 같이 명확하지 않으나 자연의 산야에서 서식하는 새를 사람의 손으로 기르게 된 역사는 아마도 인간이 농경생활을 시작하게 될 즈음부터일 것이라 추정되고 있다.

물론 그 시대의 사육조는 다른 동물의 경우와 마찬가지로 깊은 신앙과 결부된 특징이 보여져 간혹, 사람의 미이라와 함께 발견되는 크토토기의 미이라 등은 저간의 사정을 증명하고 있는 것이다.

한편 새를 애완용으로 기르기 시작한 것은 청동기 시대인 기원전 1500~3000년대로 거슬러 올라간다는 학자도 있다. 물론 그 시대의 사육목적이나 방법은 지금과는 그 내용이 매우 달랐음은 물론일 것이다.

『일본서기(日本書紀)』에 의하면, 서기 650년대에 백제(百濟)에서 처음 말소리를 잘 흉내내는 앵무새가 선물로 일본에 보내져 왔다고 기록되어 있는 사실에 비추어 우리 나라 조상들이 그 지저귀는 소리에 귀를 기울이고 아름다운 자태나 모양을 애완했던 것은 훨씬 옛날부터라 능히 추측이 간다.

여하튼 지금은 세계적으로 이전에 예상할 수 없었던 사육조 붐으로, 미국에서는 개나 고양이의 수보다 새의 수가 훨씬 더 많다고 한다. 이러한 실정은 우리 나라도 그 예외가 아니다.

사육조의 종류

새에는 소리가 아름다운 것, 자태가 고운 것, 흉내나 재주를 잘 내는 것, 손노리개가 되는 것 등 여러 가지 종류가 있다

전술한 바와 같이 사육조하는 것은 야생하는 새 중 자태와 모양이 고운것, 지저귀는 소리가 훌륭한 것 등을 인간생활 속으로 수용하여 우리들이 관상의 대상으로서 사육하고 있는 새이다.

따라서 넓은 의미로는 우리들이 새장이나 가금사에서 기르고 있는 새의 전부를 포함하게 된다.

그러나 사육조라는 것을 좀 더 엄밀히 규정하면, 그 새가 야생의 상태에서 인간에게 키워지게 되어, 공동 생활에 익숙해져 사육에 의해서도 번식할 수 있게 된 것만을 지칭하는 것이라 생각된다.

또 편의상 사육조를 우리 나라의 산야에 생식하고 있는 조류(철새도 포함)

를 제외하고는 양조(洋鳥)라 부른다. 문자 그대로 해외에서 도래한 사육조의 총칭으로 카나리아, 앵무, 핀치(finch)류가 이에 속한다.

이들 사육조를 동물학적으로 분류하면 대부분이 금복과(金腹科)와 아토리과, 앵무새과, 비둘기과에 속하는 새라는 것을 알 수 있다.

그 중에도 금복과에 속하는 아름다운 새들은 일반적으로 「핀치류」라 불리우며 그 종류, 변화종에 있어 과연 사육조의 왕자 구실을 한다.

이들 새를 산지별로 보면 색채가 아름다운 것은 역시 열대, 아열대쪽이 뛰어난 것이 많으며, 아프리카, 오스트레일리아, 남미, 인도, 동남아세아 등이 그 대부분을 차지하고 있다. 아프리카에산으로는 모란앵무(잉꼬) 등, 오스트레일리아 산으로는 사랑(背黃青) 앵무 등, 또 남미 산으로는 금강앵무 등, 인도, 동남아세아 산으로는 구관조, 문조 등이 대표적인 사육조로 알아 주는 것이다.

산 지	사 육 조 의 종 류
아프리카	카나리아, 노란 앵무, 회색 앵무, 벚꽃 앵무, 청휘조 등
오스트레일리아	사랑앵무, 호금조, 금정조, 소문조, 금화조, 대 금화조, 왕관앵무, 장미앵무, 유황앵무, 박설구(薄雪鳩) 등
남 미	모자 앵무, 금강 앵무, 큰코뿔새 등
인 도 동남아세아	문조, 홍작, 금복, 은복, 벽조, 구관조 등

사육조의 산지별 분류

사육조의 목적별 분류

관점을 달리하여 사육조를 우리들이 기르는 쪽에서 그 목적에 따라 분류해 보기로 한다. 일반적 분류법은 다음과 같다.

울음소리를 즐기는 새

구미인은 털색이 아름다운 새를 즐기는데 옛부터 동양권 사람은 털색이나 자태는 차치하고 꾀꼬리, 종달새, 카나리아, 상사조(想思鳥)와 같은 울음소리가 고운 새를 즐겨했다.

양조(洋鳥)에서는 오직 그 자태의 아름다움, 독특한 모양의 기묘함 등이 완상(玩賞)의 대상이며, 지저귐의 아름다운 것은 별로 많지 않다. 그러나 로울러카나리아(金糸雀) 등은 방울을 굴리는 듯한 아름다운 소리를 내어 그 미성(美聲)이 높이 평가되고 있으며, 개량에 개량을 거듭하여 이제는 양조 중에 울음소리로서는 왕자를 점하고 있다.

한데 우는 새에게도 계절이 있어 비철이 되면 그 아름다운 소리도 딱 그쳐서 들리지 않게 된다. 꾀꼬리든, 종달새나 뻐꾸기든 지저귀거나 우는 기한은 한정되어 있는 것이다.

자태 · 동작을 보며 즐기는 새

인간이 새를 기르고 싶다고 생각한 것은 아마도 그 깨끗한 몸색이나 모습을 한껏 즐기려는 소망에서 시작 되었으리라 여겨진다. 그런 의미에서 몸색이 깨끗한 것과 자태가 곱다는 것은 사육조의 가장 기본적인 조건이라 말할 수 있다. 많은 사육조가 원색에 가까운 화사한 빛깔을 보유하고 있는 것도 그 때문이다.

현재, 이 화려한 양조는 사육조의 주류를 차지하고 있어 카나리아, 앵무류, 핀치류 등 오스트레일리아, 아프리카, 동남아시아 남미 등 더운 지방의 것이 대부분이다.

이들 새는 구미에서의 사육 연구가 발달하여 사육을 하면서 번식도 가능한 것이 많아지고 있다.

또한 최근, 새의 범주에는 속하지 않지만 색채가 아름다운 꿩 종류가 관상용 새로서의 지위를 확보하는 경향에 있다. 특히 은계(銀鷄), 금계(金鷄), 흰 꿩(白鵬) 등이 그 대표라 말할 수 있다.

그리고 일반적으로 말해서 동물은 수컷이 돋보이게 아름다운 것이 보통이다. 호금조, 금란조, 봉황새 등의 그

털색이나 아름다운 자태를 즐기는 새

울음소리를 즐기는 새

룹은 극단적인 차이점이 있으므로 이것이 같은 자웅인가 하고 의심이 갈 정도이다.

흉내나 재주를 즐기는 새

흉내라 하여 얼른 떠오르는 것이 앵무새이다. 확실히 앵무새류는 흉내의 챔피언인데, 앵무새라고 어떤 종류라도 한결같이 흉내를 잘 내는 것은 아니다.

흉내를 잘 내는 것으로 널리 알려진 것은 아프리카산의 앵무새 종류인데 모란앵무(잉꼬), 모자앵무 등도 말을 잘 하며, 사랑 앵무에서도 놀랄 정도로 말을 구사하는 것이 있다.

구관조(九官鳥)도 흉내를 내는 점에서는 앵무새에 뒤지지 않는다. 찌르러기과에 속하는 이 새는 앵무새류보다 다양성이 풍부하지 않으며, 색채도 검은 편이라 비교적 수수하나 그 애교있는 동작과 교묘한 흉내는 새가게 점두에서 인기를 모으고 있다.

인도, 버마, 태국 등에 분포하고 있는 새로 최근에는 기르는 사람이 많아졌다.

앵무새나 구관조는 어떻게 흉내를 내느냐, 흉내를 낼 수 없느냐에 대해서는 어려운 의문이며 아직도 명확한 답은 나와있지 않다.

이전에는 혀의 모양, 기관(氣管)의 구조 등에 관계가 있다 말해져 왔으나 최근에는 오히려 뇌에 그 기능이 있으리라 말하고 있다.

한편 재주를 부리는 새로는 주로 앵무새류로 하와이의 파라다이스 공원에서는 대규모의 앵무새 쇼를 열고 있다고 한다. 원색의 앵무새가 "줄타기" "수레끌기" "미끄럼타기" "로울러스케이팅" 등을 해내는 장면은 참으로 높은 인기를 받지 않을 수가 없을 것이다.

새에 재주를 가르치는 것은 선천적으로 그 습성을 지닌 새가 아니면 무리이다. 이것을 간파하는 데는 상당한 안식(眼識)이 필요하다.

손노리개로 즐기는 새

손노래개라는 뜻은 사람의 손으로 기른 것 즉, 털도 안 난 새끼(앵무의 경우 생후 12~13일)를 어미로부터 떼어내어 사람의 손으로 직접 먹여주며 기르는 것을 말한다.

손노리개로 즐기는 새로 유명한 것은 문조(文鳥)를 손꼽는데, 이 새는 호기심이 왕성하여 매일 새장에서 내놓고 함께 놀아주면 매우 좋은 놀이상

재주를 부리는 새

대가 된다.

또 호기심이 강한 앵무류는 사랑 앵무, 모란앵무, 달마앵무 등이 있다.

손노리개로 길들이려면 어떤 새든 새끼 때부터 어미새와 격리시켜, 기르는 사람이 자기와 한무리라는 것을 자꾸 인식시키는 데 있다.

번식용의 새

관상 대상의 새와는 목적이 전혀 달라 오직, 실용적인 면에서 생긴 것이다. 부화 역할을 하는 이른바, 가모(假母) 용의 새는 문자 그대로 다른 새의 알을 포란·부화하여 육추(育雛) 하는 역할을 하는 것이다.

양조 중에는 아직 그 번식기술이 확립돼 있지 않아 사육하에서는 즉, 그 어미새에 맡겨두어서는 잘 되지 않는 것이 상당히 있다. 번식을 잘 하는 새로 하여금 대행시키는 것이다.

이 대표적인 새는 십자매로서 옛부터 가모로 널리 이용되고 있다. 또 당닭은 꿩류의 가모로 최적인 것이다.

한편 새를 기르는 즐거움의 하나는 새끼를 번식시키는 것이다. 그런 의미에서도 십자매는 많이 기르는 사육조이다.

새 고르는 법

새를 길러본 경험, 예산, 목적 등에 따라 기를 새가 달라진다. 좋은 새를 고르는 요령도 알아두자

사육할 종류를 정하는 법

막연히 「새를 길러볼까」 생각하고 가게를 찾았다면, 대부분의 아마추어인 사람은 가게로 들어선 순간, 여러가지 잡다한 새들의 무리에 어리둥절할 것이다. 많이 본 사랑 앵무나 카나리아, 문조를 비롯하여 한 번도 보지 못했던 새가 공간이 좁다는 듯이 즐비하게 지저귀고 있기 때문이다.

모든 새가 매력적으로 보여 어느 새로 정할까 망설이게 될 것이다.

그래서 차분히 다음과 같은 점을 고려하여 자기에게 적격한 새를 고르도록 한다.

● 새를 기른 경험이 있는가

경험자와 초심자와는 당연히 기를 종류도 달라진다. 아마추어가 사육이 어려운 고급 핀치류나 앵무새 등을 기른다면 사육에 실패하는 경우가 많기 때문이다.

초심자는 원색이 아름다운 것이나 울음소리가 좋은 것만 고를 것이 아니라, 우선 사육조로서 가장 안정성의 것을 고르는 것이 무난하다. 즉, 값이 싸고 기르기 쉬운 종류부터 시작하도록 한다.

역시 처음에는 기본적인 것을 마스터한다는 뜻에서 십자매, 사랑 앵무, 문조, 카나리아 등의 종류부터 시작하는 편이 무난하다.

● 실제로 누가 돌보는가

새를 기르기 시작하면 우선 하루도 빼놓지 않고 돌보아 주어야 한다는 점을 잊어서는 안 된다. 작은 몸집의 새는 모이를 하루라도 거르면 목숨을 잃게 되기 때문이다.

누가 돌보는가를 확실히 정해야 된다. 국민학교 학생의 자제가 그 역할을 맡는다면 다루기 어려운 새끼 새는 금물이다. 시간의 여유가 있는 할아버지가 돌본다면 여유있게 번식을 즐길 수 있을 것이다.

● 예산은 얼마 정도인가

한마디로 새라 하지만 한마리에 돈 몇천원 정도의 십자매에서 수 만원이 넘는 앵무새류에 이르기까지 가지각색이다. 일반적으로 구입가격이 비싼 것은 그 사육비용도 많이 드는 것이 보통이다.

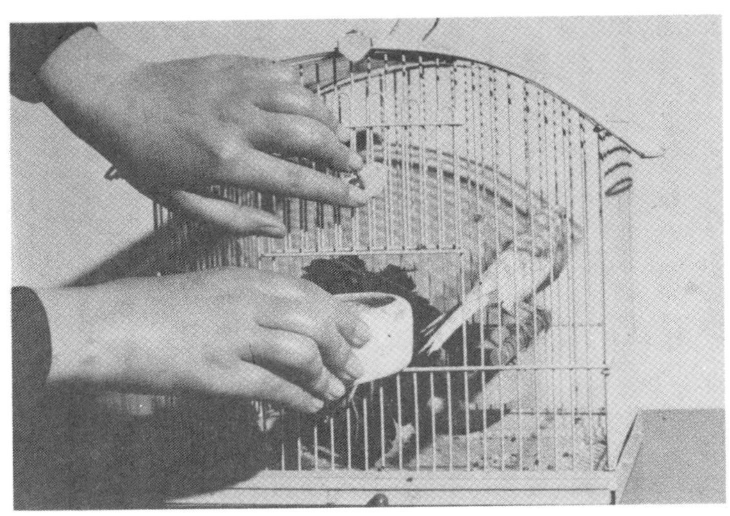

새를 기르기 시작하면 매일 돌봐주어야 한다

가령, 카나리아를 기르겠다고 정했다면, 새가게를 서너군데 들러 가격을 조사한다. 물론 새의 좋고 나쁨에 따라 가격의 격차는 있겠으나 가게에 따라 상당한 차이가 있을 수도 있다.

가장 믿음직한 입수방법은 이웃에서 기르고 있는 사람으로부터 양도를 받는 것이다. 좋은 새를 값싸게 입수할 수 있다. 더구나 그 새의 버릇이나 사육법을 지시받을 수도 있어 좋으며, 아무래도 시가보다 싸게 물려받는 것이 상례인 것이다.

● 건강해야 할 것

새는 아침 일찍부터 활동하기 시작하여 저녁까지 날아다닌다. 그런데 병이 나거나 조금이라도 컨디션이 나빠지면 금방 기운이 없어지고, 깃털을 부풀리고 횃대나 둥지에서 쉬는 시간이 많아진다.

이러한 새는 물론 논외의 대상이지만 여하튼 건강한 새는 깃털이 윤기가 나며, 털이 몸에 밀착해 있고 몸 전체가 날씬해 보인다.

눈의 광택도 중요한 포인트인데, 눈이 흐릿하거나 또는 눈을 감고 있는 새는 어딘가 컨디션이 나쁜 증거이다.

소화기 병에 걸려있는 새는 볼기(하복부 배설공 주위)가 지저분하므로, 이 부분은 특히 주의하여 살펴 볼 필요가 있다.

발톱이나 부리가 이상하게 너무 자랐거나 발에 비늘이 하얗게 손거스러미가 일어난 것은 좋지 않다. 이것은 일반적으로 늙은 새의 징조이거나, 병든 새라고 생각하는 것이 좋다. 젊고 건강한 새는 부리나 비늘에도 광택이

좋은 새를 고르는 요령

있어 윤기가 난다.

● 암컷, 수컷을 확인한다.

모처럼 사들인 새가 암·수 한쌍이라 생각했는데 동성이었다든가 하면 번식의 즐거움도 없을 뿐 아니라 기대했던 아름다운 지저귐도 즐기지 못하게 된다.

새의 암컷, 수컷은 종류에 따라 그 견식법이 다른데, 누구나 알 수 있는 것도 있는 반면, 전문가라도 어려운 것이 있다. 그러므로 초심자의 경우는 믿을 만한 새가게에서 골라 받거나 경험자와 동행하는 것이 현명하다.

가능하면 새를 살 때 암컷, 수컷이 아닐 경우엔 교환해 주도록 부탁하거나 교환보증서와 같은 것을 받아두는 것이 좋을 것이다.

● 종류의 특징이 뚜렷한 것을 고른다.

동물을 고를 경우의 원칙이다. 그 종류의 특징이 뚜렷하게 나타나는 것이어야 한다.

새는 교배에 의해 잡종이 생기기 쉬우며, 그러므로써 그 종류의 독특한 장점을 상실하기도 한다. 이러한 것은 번식을 해도 가치가 낮으며, 관상에도 적당하지 못하다.

사랑 앵무나 카나리아 등 품종이 개량된 것에서는 품종의 특징이 확인되는 것을 고르도록 해야 한다.

젊은 새는 6~9월이 입수시기

새를 기르는데 준비할 기구

사육할 새가 정해지면 다음은 기구를 장만한다. 기를 종류와 목적에 꼭 알맞는 것을 고르도록 한다

반드시 준비할 것

새를 기르기 위해서는 어떤 기구가 필요한가. 물론, 새장과 모이만 있어도 될 수는 있겠지만, 역시 각 새들에게 합당한 준비를 해주지 않으면 안 된다.

그렇게 해주지 않으면 우는 새도 울지 않고 관상의 새도 털이 빠져버리고 만다.

기구는, 관상용으로 기르는가, 번식까지 해보려고 하는가에 따라 다소의 차이가 있다.

우선 어느 경우에든 필요한 것을 소개하기로 한다.

● 새장(鳥籠)

새장의 종류는 금속성인 것과 대나무 조롱 또는 플라스틱제 등이 있다.

금속제 조롱은 주로 관상용의 양조를 기르는데 쓰인다. 모양이나 색깔도 가지각색으로 사각, 둥근 것, 집 모양의 것 등이 있다.

빛깔은 새의 색깔과 잘 어울리는 것을 고르면 아름다우며 조롱도 돋보인다. 대형 앵무와 같이 부리가 튼튼한 새는 쇠줄이 아니면 갉아버릴 위험도 있다.

대나무장은 고래로부터 주로 야조류

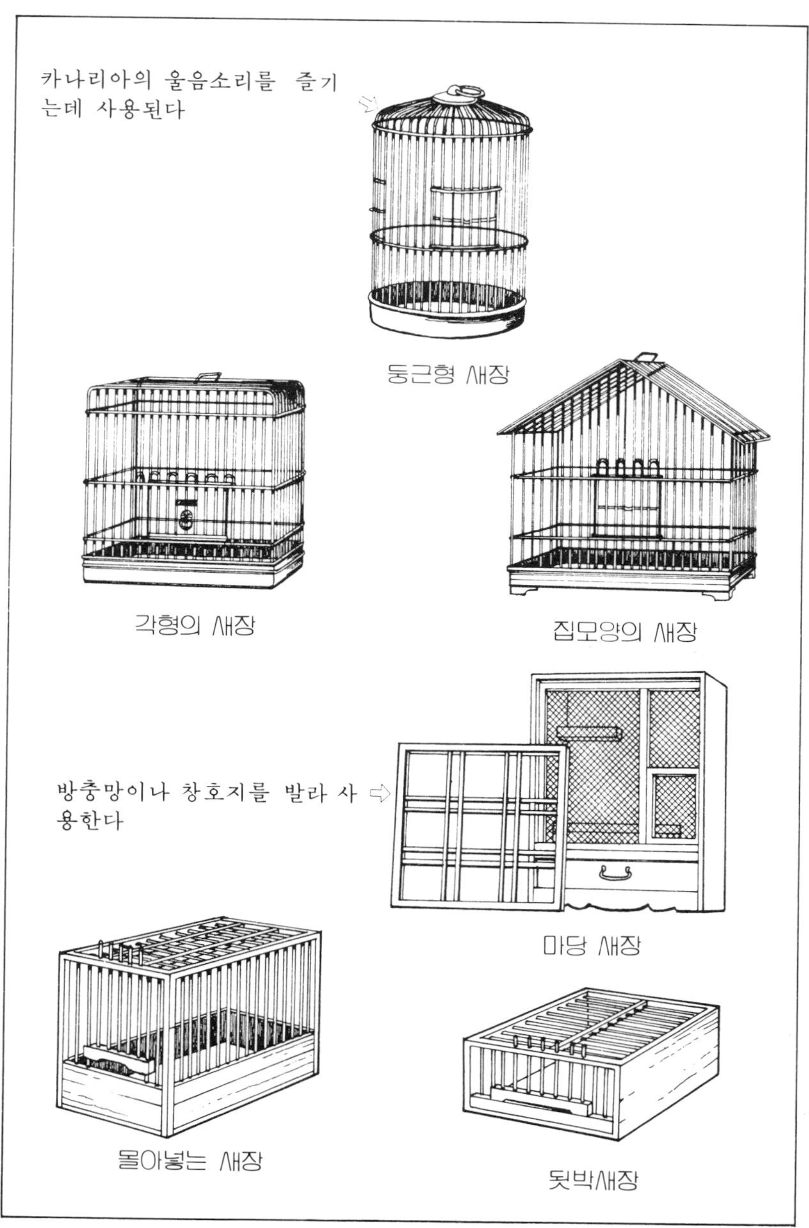
카나리아의 울음소리를 즐기는데 사용된다
둥근형 새장
각형의 새장
집모양의 새장
방충망이나 창호지를 발라 사용한다
마당 새장
몰아넣는 새장
됫박새장

새장의 종류

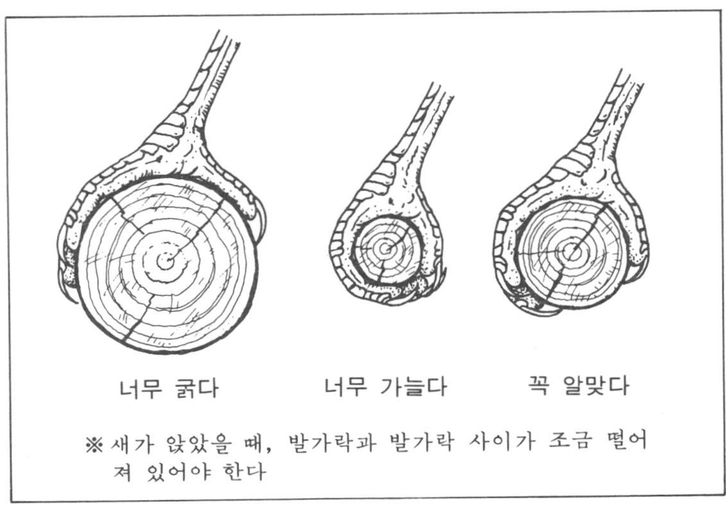

횃대의 굵기

에 쓰이고 있다. 모양은 다소의 차는 있어도 대체로 장방형이다.

구관조에는 모이가 야조류와 같으므로 대형의 대나무장이나 플라스틱장을 쓴다. 또 구관조는 수욕(水浴) 을 아주 즐겨하므로 수욕용의 조롱도 구비해 주면 편리하다.

● **횃대** (앉는 나무)

횃대는 인간이 볼 때는 한개의 막대에 지나지 않지만 사육조에 있어서는 그야말로 생명선이다. 이것이 안정되지 않으면 몹시 불안하여 진정하지 못한다.

횃대는 곧은 것이 첫째 조건이다. 굽으면 날라옮기기에 불편하며, 앵무류와 같이 횃대에서 교미하는 것은 암컷이 수컷에 스치며 다가가는 습성이 있으므로, 이 동작이 스무드하게 안 된다. 그러므로 모처럼 알을 낳아도 무정란이 될 원인이 된다.

다음은 횃대의 굵기가 중요하다. 횃대의 굵기는 새의 다리와 발가락의 크기에 따라 정한다. 그림에서와 같이 작은 고리보다는 약간 굵은 것이 이상적이다.

그리고 횃대는 청결해야하므로 가끔

대형 앵무에 쓰이는 횃대

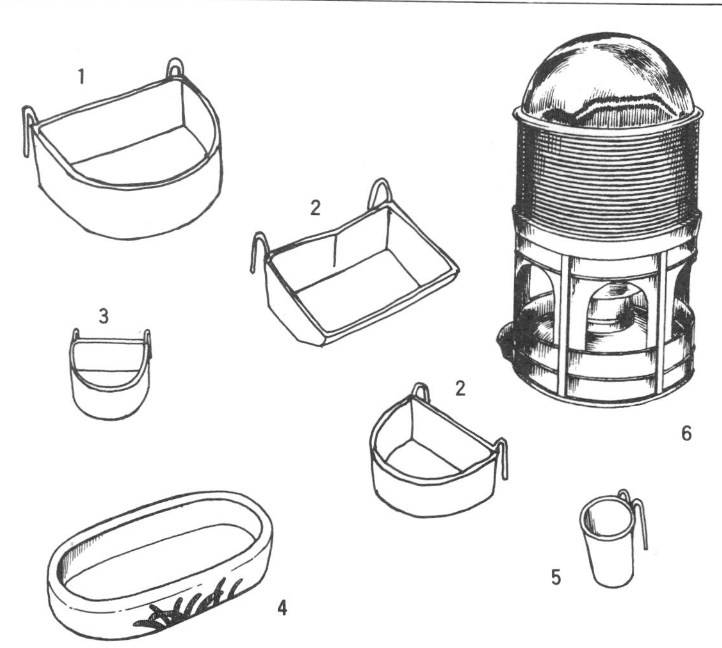

1. 대형의 모이그릇 : 대형 앵무나 많은 새를 함께 기를 때 사용한다
2. 모이그릇, 물그릇 : 새의 마리 수에 맞는 크기를 고른다
3. 칼 슘 분 꽂 이 : 가장 작은 그릇으로 칼슘분을 조금 넣어 둔다
4. 사기그릇의 물그릇, 모이그릇 : 깨질 염려는 있으나, 말끔하여 안정감이 있다
5. 야 채 꽂 이 : 플라스틱제, 양철제품 등 여러 가지가 있다
6. 급 수 기 : 물이 줄면 자동적으로 보충된다. 주로 가금사에 사용된다

여러 가지 사육기구

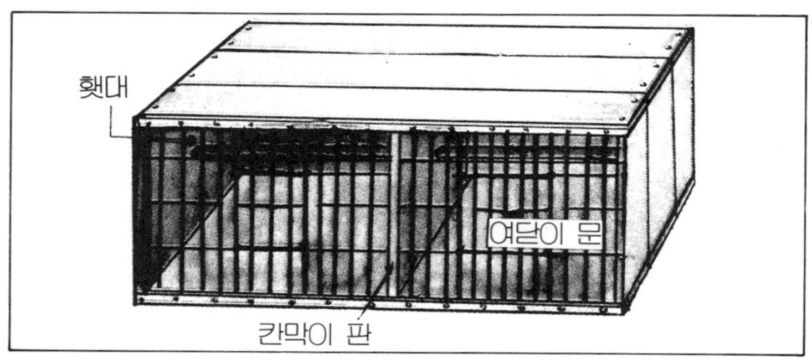

과일상자 따위를 이용한 마당 새장

열탕으로 씻어주도록 한다. 특히, 카나리아는 똥이 묻어 더러워지므로 예비의 횃대를 준비하여 바꿔주면 좋다.

더러운 횃대는 발톱이 썩어 빠지는 이른바 「발톱상처」가 되어버린다.

● 모이그릇, 물그릇, 야채꽂이 등

위의 세 가지는 꼭 필요하다. 야채꽂이는 좀 깊숙한 통형의 것으로 플라스틱제와 양철로 된 것이 있다.

모이그릇과 물그릇은 플라스틱, 양철, 스테인레스, 사기그릇 등이 있다.

크기도 여러 가지로 새의 크기, 마리수에 상응하여 용기의 수나 크기를 감안한다.

특히 대형의 앵무류는 상당한 장난꾸러기이므로, 용기를 물어올려 떨어뜨리는 수도 있어, 튼튼하고 큰 용기(스테인레스제 등)를 조롱에 단단히 고정시킨다. 이 밖에 수욕(水浴)용의 대형의 용기가 있으면 편리하다.

며칠이고 집을 비울 때, 또는 모이를 줄 수 없는 사람은 급수(給水) 탱크(새가 물을 먹는 만큼 물그릇 속에 보충되어 나오는 구조)나 자동급이기(自動給餌器)를 이용한다.

● 청소 용구

새장 바닥에 똥이 쌓인 것을 그대로 방치해 두면 단단히 달라붙어 잘 떨어지지 않게 된다. 미니 빗자루, 쓰레받기 등, 책상 위를 청소할 때 쓰는 작은 것이면 더욱 좋다.

또 사람에 길들인 새라면 전기청소기 소리에도 별로 놀라지 않을 것이므로, 새장 구석에 남은 깃털이나 모이껍질따위를 흡인할 수 있다.

모이에 대하여

새를 구입했으면 그 모이를 구입(준비)해야 한다.

일반적으로 가장 흔히 쓰이는 피, 좁쌀, 수수, 해바라기씨 등이 있으나, 새는 종류에 따라 쓰이는 모이가 달라지는데 새가게에서는 각기 새에 적합한 배합사료가 판매되고 있다.

모이를 크게 나누면 알곡사료와 반죽사료가 있다.

●알곡사료

야조 이외의 새는 대부분이 알곡사료를 먹는다. 이런 모이를 먹는 새에게는 수고가 그다지 들지 않는데, 상할 염려가 없어 몇 일분씩의 사료를 담아두어도 괜찮기 때문이다. 다음에 주요 종류별 특징을 설명하므로 배합할 때 참고로 하기 바란다.

피(稗) 피는 거의 모든 사육조가 즐겨 먹는다. 영양가도 좋으며 모이의 주체가 된다. 특히 카나리아나 십자매가 즐기므로 없어서는 안 된다.

조 피와 더불어 알곡사료로 필요하다. 십자매나 문조는 이것만으로 기를 수도 있다. 껍질을 벗긴 것과 껍질 채인 것이 있다.

피에 비하면 약간 소화가 덜 되는 것 같으나 역시 없어서는 안 된다. 조에 달걀 노른자를 넣고 휘저어 섞은 것을 「좁쌀계란」이라 한다.

배합시에는 피보다 조금 적게 섞는다.

수수 피나 조보다 영양분은 좋으나 엄한기(嚴寒期)와 번식기에 핀치류와 카나리아에 섞을 정도이다.

핀치류는 즐겨 먹는데 소화불량을 일으키기 쉬우므로 여름에는 먹이지 않는다. 피와 조를 섞은 것의 1 할정도로 한다.

카나리아시드 이름에서의 명칭 그대로 카나리아가 즐겨 먹는다. 핀치류나 앵무류도 즐긴다. 탄수화물이 풍부하여 모이로써 훌륭하다.

카나리아에는 피, 조와 섞어 먹이는 수도 있으나 다른 새에는 식욕이 없어졌을 때나 새끼가 있을 때에 먹인다.

니가시드 최근에 쓰여지는 것으로 검은 색의 씨앗이다. 물론 수입품으로 인도 지방에서 수입되고 있다 한다.

카나리아가 즐겨 먹으며 카나리아시드와 같을 정도의 영양이 있으므로 카나리아 외에 핀치류에 쓰인다.

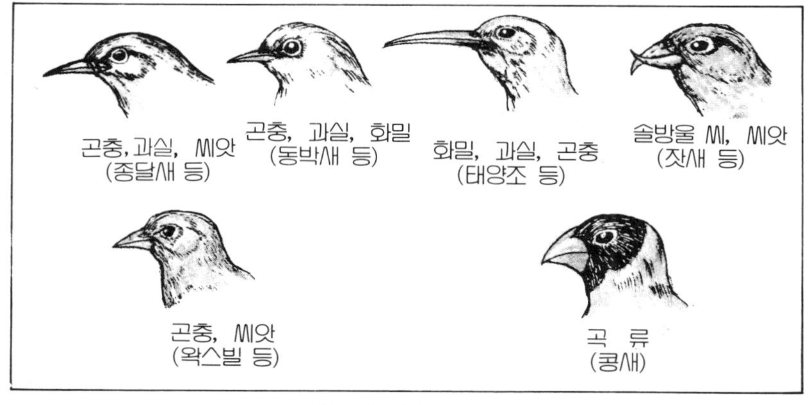

부리의 모양과 식성

평지 평지는 기름을 짜낼 정도로 영양분이 풍부하므로 여간해서 쓰이지 않는다. 다만 카나리아는 다른 새에 비해 많은 영양을 필요로 하므로 피, 조에 섞어 먹인다.

평지는 핀치류나 앵무에는 주지 않는다. 이들 새가 먹으면 피하지방이 생겨 산란을 못하거나 단명으로 끝날 염려가 있다.

이 밖에 대형 앵무류나 앵무새 따위에는 체격이 커서 많은 영양분을 필요로 하므로 삼(麻)의 열매, 해바라기씨도 쓰인다.

● 반죽사료

알곡사료를 먹는 새도 이 반죽사료로 키우면 장수할 정도이다. 원래는 종달새나 동박새 따위를 기르는데 쓰여진 것인데 요즈음에는 양조에도 먹이고 있다.

반죽모이를 먹는 새

만드는 것이 약간 귀찮은데 요즘은 배합된 것도 판매되고 있다. 개중에는 야채잎(青菜) 섞은 것도 있어 물에 풀기만 하면 되므로 매우 편리해졌다.

예전부터 만드는 방법은 쌀겨, 콩가루 등 곡식가루를 섞은 윗모이(上餌)

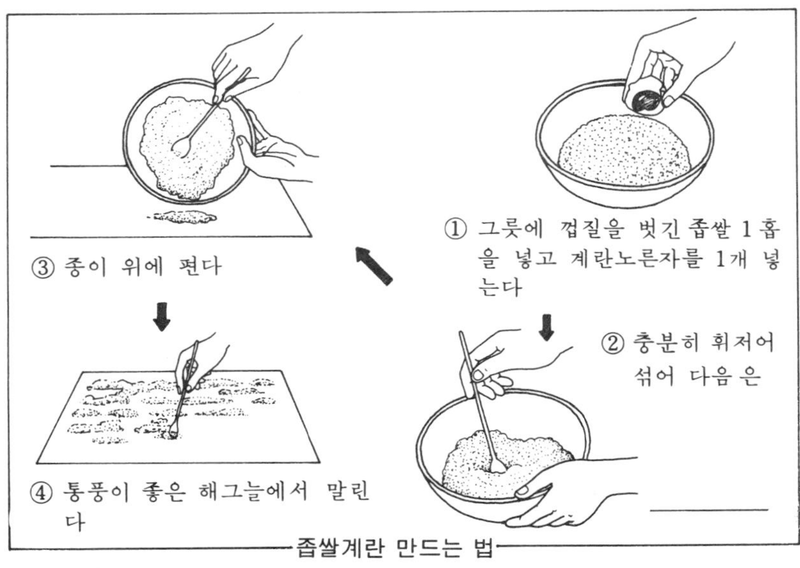

좁쌀계란 만드는 법

와 민물고기인 붕어(납자루, 피라미 등을 포함)를 건조시켜 분말로 한 밑모이(下餌)를 적당히 배합해 사용하는 것이다.

윗모이를 10으로 하고 밑모이를 5의 비율로 섞은 것을 5할모이, 7에 섞은 것을 7할모이라 부른다.

새에게 줄 때는 작은 절구에 푸른야채(青菜)를 넣고 나무공이로 잘 빻아서 이 모이와 야채를 함께 갈아서 걸죽하게 반죽된 것을 준다.

번식에 쓰이는 기구

이상의 용구를 구비하면 관상용 새를 기르는데는 충분하지만, 새를 번식시키고자 한다면 다음과 같은 것이 더 필요하다.

●번식용 새장

번식용 새장은 조롱이라기보다 상자라 하는 편이 좋으며, 모양은 장방형으로 크기는 여러 가지가 있다. 앞면만 철망이고 나머지는 모두 나무판자로 되어 있다.

	정면	길이	높이
대형	45	45	45
중형	40	33	45
소형	29	29	33

마당새장의 치수표 (단위cm)

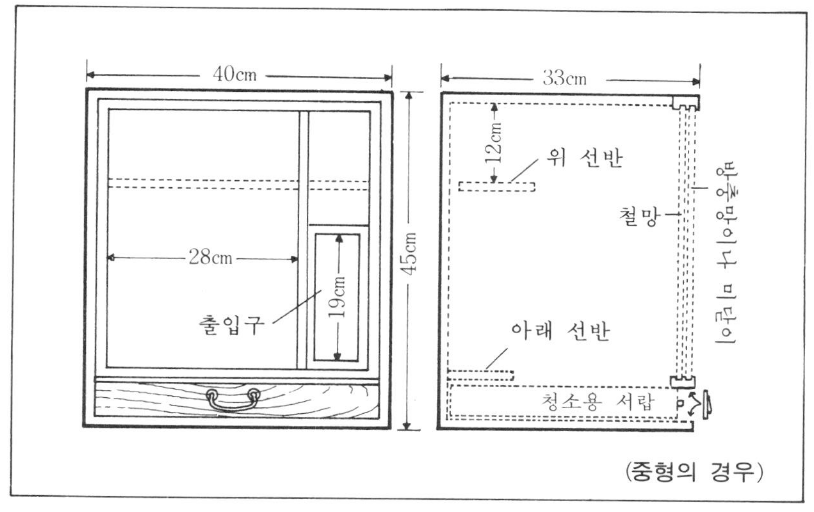

마당새장의 구조와 치수

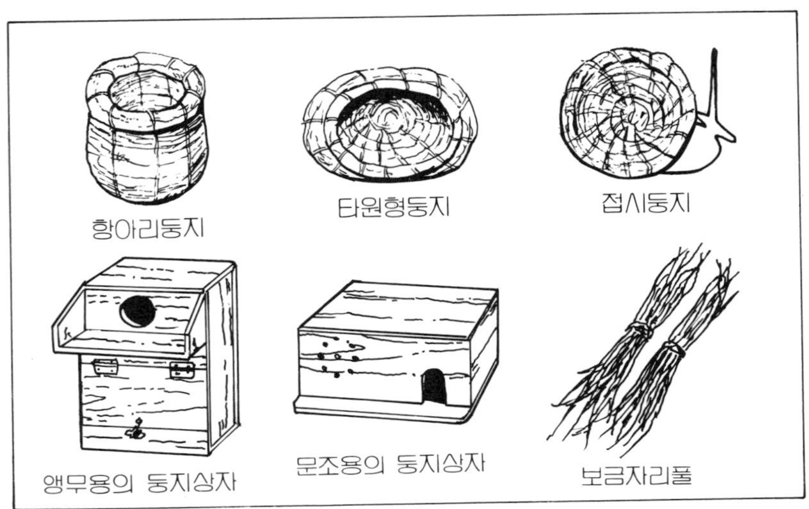

번식에 쓰이는 둥지

앞면에 모이를 넣는 창이 있고 바닥은 서랍으로 청소하기에 편리하며, 새장 안에는 횃대, 그 상하에 선반이 있어 각기 상자둥지와 모이그릇을 얹게 되어 있다.

새장 전면에는 여름철 모기나 뱀을 막기 위해 방충망이, 겨울철에는 추위로부터 보호를 하기 위해 유리를 끼울 수 있게 되어 있다.

보통 조롱으로도 번식은 되지만 어미가 안정되지 않아 실패하는 경우가 있다. 그러나 이 번식용 새장은 1면만 보게 되어 어미가 안심하고 알을 품고, 새끼를 키울 수가 있다.

번식용 새장은 목제나, 수요가 그리 많지 않아 상당히 값이 비싸다. 그래서 사과상자 따위를 잘 손질하여 거기에 맞는 철망을 치고, 위 아래로 올릴 수 있는 여닫는 문을 설치한다. 다음은 둥지와 횃대를 걸치면 된다.

● 둥지

둥지에는 볏짚을 이용해서 만든 것과 나무로 만든 상자둥지다.

카나리아, 십자매 그 밖의 핀치류에는 일반적으로 볏짚둥지를 사용한다. 목제의 상자둥지는 사랑 앵무나 문조 등에 쓰인다.

둥지의 모양도 새에 따라 여러 가지가 있다. 카나리아는 접시 모양의 밑이 얕은 것, 십자매는 항아리둥지, 호금조는 입이 좁고 밑이 긴 항아리형의 것이 쓰인다.

또한 사랑 앵무의 상자둥지는 세로가 길며 바닥이 깊은 것을, 문조의 상자둥지는 옆이 길며, 그 안쪽에 볏짚 접시둥지를 넣어준다.

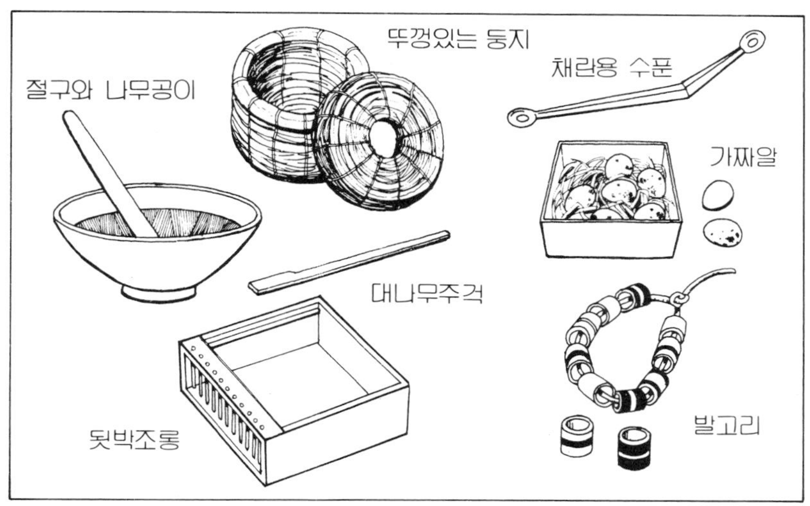

보금자리 만들기에 쓰이는 용구

둥지는 번식을 위해서는 물론 필요하며 십자매 따위의 경우는 밤이 되면 둥지 속에서 쉬며 겨울에 추울 때는 보온도 되므로 필요하다.

● **급이(給餌) 주걱**

새 새끼를 인공적으로 기르는 데는 막대기, 급이주걱 등이 필요하다. 종류는 나무 또는 플라스틱제의 것이 있다.

새의 새끼 수가 적을 때는 이것으로 여러 번에 걸쳐서 주되, 입을 다물고 배가 불룩할 때까지 계속해 준다.

새끼의 수가 많을 때는 스포이트 모양의 급이기로 한 번에 많이 먹인다.

● **채란용(採卵用) 스푼**

둥지에서 알을 건져내기 위한 스푼이다. 다른 새(假母)에 알을 품길 때와 많은 알을 낳게 하고 싶을 때에 쓰인다. 건져올린 알이 굴러 떨어지지 않도록 돼 있다.

● **의란(擬卵)**

사기나 플라스틱으로 새알과 비슷하게 만든 것으로 채란할 때 사용된다.

알을 빼앗겨도 태연히 또 알을 낳는 새도 있으나 개중에는 놀라서 둥지 밖으로 나오는 새도 있는데, 이런 때 어미를 진정시켜 알이 무사히 남아있다고 느끼게 하는 데에 쓰인다.

또 어미가 되는 새를, 품게 될 알이 모아질 때 까지 둥지에 있게 하기 위해서도 쓰인다.

● **다리고리(脚環)**

번식한 새의 생년월일이나 등록번호 등을 명백히 하기 위해 다리에 링을 끼우는 일이 있다. 이것은 주로 카나리아에 사용하는데 셀룰로이드제의 빨강이나 파랑색 링을, 금사(禽舍) 등에서 많은 같은 종류의 새를 기를 때에 새를 분별하기 위해 끼우는 수가 있다.

● 손노리개의 용기

부화한 새 새끼를 손노리개로 키울 때에 사용한다. 짚으로 만든 뚜껑있는 둥근 둥지로 보온 효과가 좋으며 뚜껑 구멍으로 모이를 줄 수가 있다.

여름철의 더운 계절에는 어느 정도 통풍이 잘 되는 상자에 짚을 깔아서 쓴

● 됫박조롱

손노리개 용기에서 커져 깃털이 가지런히 돋아난 새끼를 키우는데 쓰인다. 목제의 조롱으로 마치 한 되들이 됫박과 같은 모양으로 돼 있다. 바닥에 자찰한 짚을 깔아주어 보온한다.

● 대나무주걱

손노리개로 키울 때, 문조의 새끼에 모이를 먹일때 쓰인다. 새끼의 입에 맞도록 대를 가늘게 깍아 손수 만들수 있다.

● 절구, 나무공이

반죽모이를 만드는 기구로서 손노리개 모이에 섞는 청채(青菜)를 으깨는데 사용한다. 크기가 여러 가지 있으므로 반죽모이를 만드는 양에 따라 고른다.

금사(禽舍)를 짓는 법

금사는 대형의 새나 많은 종류의 새를 함께 기르거나, 작은 새장에서는 번식시키기 어려운 새를 위해 필요하다.

위치는 남향 또는 동향으로 하며, 통풍이 좋고 건조가 좋은 곳을 선택한다. 습기가 많을 것 같으면 바닥을 30센티가량 공간을 두도록 하면 이상적이다. 습기는 새에게 제일 나쁜 적이다.

금사를 지을 때 주의할 점은, 옥외에 설치하게 되므로 비·바람에 견디

철새는 자기의 적온(適温)을 따라 이동하는 습성이 있다(긴 꼬리 물오리)

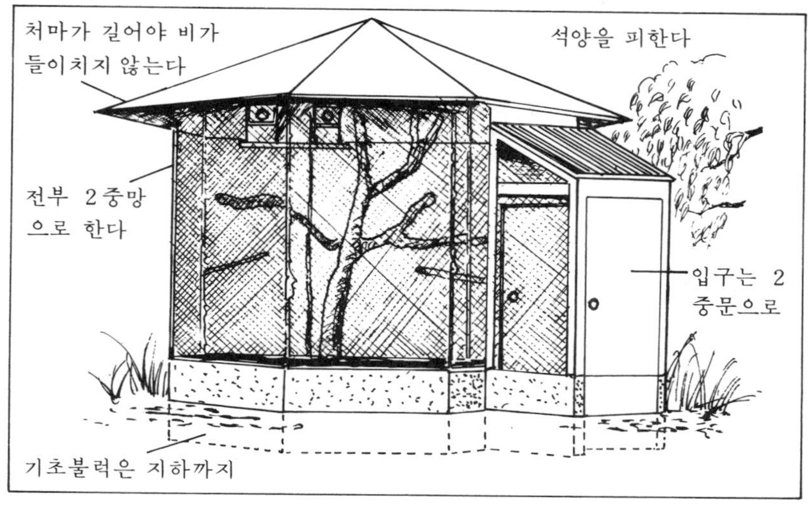

가금사 만드는 법

게 튼튼하게 지어야 함은 물론이지만 고양이, 쥐, 뱀 따위의 침입을 못하도록 트인 곳은 전부 2중철망으로 하며, 토대는 땅 밑까지 블록 등을 깔도록 한다.

새에 따라서 철망의 보강과 기둥 을 갉아내지 못하게 양철로 보강할 필요가 있다.

또한 금사의 출입구는 되도록 2중문으로 해서, 청소나 모이갈이로 드나들 때 새가 도망갈 염려로 부터 방비해야 한다.

금사의 땅바닥은 모래를 깔아주고 가끔 교환해 준다든가, 콘크리이트로 하여 씻어낼 수 있게 하면 편리할 뿐더러 질병 예방도 된다.

조용한 환경이 중요하다

카나리아(金糸鳥)

카나리아에서 즐기는 것
• 울음소리를 듣는다
• 자태나 동작을 본다

카나리아는 연작목(燕雀目), 되새과에 속하며 원산지는 아프리카 북서해안 카나리아제도(Canaria 諸島)로 「카나리아」란 어원도 이 섬의 이름에서 온 것이다.

카나리아가 사육되기 시작한 것은 14세기경으로 스페인의 어느 무역선이 카나리아제도에서 아름다운 소리로 우는 새를 갖고 돌아온 것이 처음이라고 한다.

그 후 유럽을 비롯 세계 각지에서 이 카나리아를 키우게 되어 16세기경부터 차츰 개량되어 신품종이 나오기 시작했다.

독일에서는 카나리아의 특징인 울음소리를 개량하는데 중점을 두어 현재의 로울러카나리아가 만들어졌다. 또 영국, 화란, 벨기에 등에서도 품질 개량이 진전되어 현재의 체형을 관상하는 스타일카나리아의 기초가 되었다.

이것이 일본을 거쳐 우리 나라에도 도입된 것인데 이웃 일본에서는 도오꾜(東京) 가는몸카나리아를 만들었고 그 후에 권모(捲毛)카나리아라고 해서 약간 대형의 새인데 전신의 털이 마치 파마를 한 것처럼 털이 말려 있는 카나리아, 또 오렌지로울러카나리아 등 여러 가지 품종을 만들어내어 지금은 세계 제 1 의 카나리아 생산국이 되어 구미 제국으로 해마다 대량 수출하고 있다.

카나리아의 종류

카나리아는 근 500년간에 품종개량이 되어 많은 종류가 나왔다. 품종에 따라 각기 특징이 있으나 일반가정에서 비교적 많이 기르고 있는 것을 골라 그에 대해 설명하기로 한다.

● 로울러카나리아(우는 로울러)

이 종류는 독일인에 의해 울음소리에 중점을 두고 개량시켜 만든 것이다. 따라서 이 새의 깃털 빛깔은 원종인 카나리아에 가깝고, 야조인 무당새를 닮은 연한 느낌의 돋보이지 않는 채색을 하고 있으나, 근년에는 레몬색이나 오랜지색깔을 한 아름다운 것이 작출되어 레몬로울러, 오렌지로울러라고 불리워지어 인기를 얻고 있다.

● 권모(捲毛) 카나리아

원래 권모의 근원이 된 새는 네덜란드에서 길러진 더치펜시카카나리아인

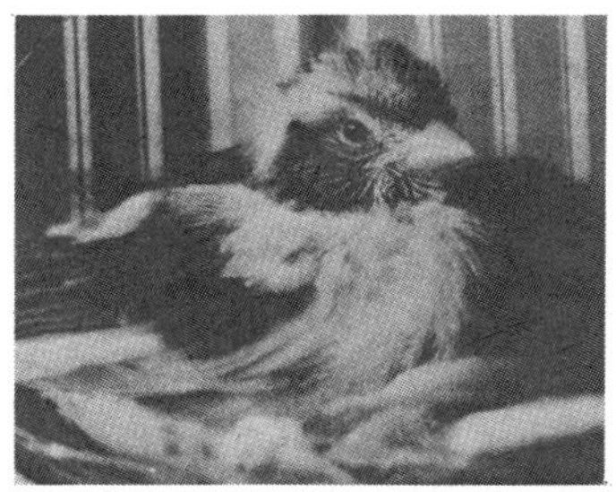

카나리아의 새끼

권모카나리아 로울러카나리아

리저트카나리아　　가는몸 카나리아

데, 앞서 언급한 바와 같이 일본에서 개량을 보았다. 전신의 깃털이 약간 말렸었는데 개량을 거듭 현재와 같이 배와 등의 털이 멋지게 말린 모양이 나오게 되었다.

●가는몸카나리아

가는몸카나리아나는 영국에서 개량된 것이다. 주로 체형을 관상하는 그룹으로 이름 그대로 홀쭉하고 날씬해서 스타일이 좋은 카나리아이다.

이 카나리아의 깃털 색깔은 짙은 노란색, 레몬색, 백색 등 여러 가지이다. 또 최근에는 적(赤) 카나리아와 교배시킨 적가는몸카나리아도 적출되고 있으나 일반적으로 레몬색인 것이 많다.

● 요오크셔카나리아

이 카나리아는 영국의 요오크셔 지방이 원산이며 그 특징은 보통 카나리아에 비해 몸집이 홀쭉하며 크다.

깃털의 색깔은 여러 가지 있으나 짙은 노란색이나, 일반 노란색인 것이 많이 사육된다. 또 깃털이 짧으며 몸에 밀착돼 있다.

적(赤) 카나리아를 교배시킨 적요오크셔카나리아도 나오고 있다.

● 적(赤) 카나리아

이 카나리아는 1933년 미국 켈리포

요오크셔카나리아

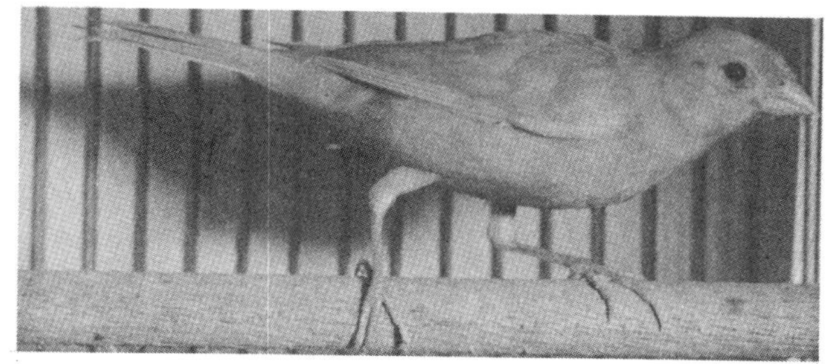

적카나리아

니아에서 오렌지로울러카나리아와 베네쥬엘라나 트리니더드섬 원산인 진홍방울새를 교배하여 얻은 카나리아이다. 그러므로 결코 옛부터 있던 순수한 카나리아는 아니다.

적카나리아가 우리 나라에 수입되었던 1950년대 당시의 돈으로는 엄청난 값이 붙여져 일반 가정에서의 사육은 엄두도 내지 못했다. 그러나 그 후 급속한 증가로 값도 싸져 일반적인 카나리아로 가정에 널리 보급되었다.

지금까지의 오렌지카나리아보다 훨씬 강렬한 붉은 색을 띤 이 카나리아는 순식간에 화제에 올랐다.

● 노우위치카나리아

이 카나리아는 영국의 노우위치주에서 개량된 품종이다. 그 스타일의 특징은 머리가 크고 뚱뚱하여 멋장이새(鷽)와 비슷하다.

노우위치카나리아는 대형으로 전체 길이가 15~17센티나 되는 것도 있다. 깃털 색깔은 레몬색, 담록색, 짙은 노란색, 빨강 등이다.

카나리아 사육에 필요한 것

● 카나리아의 새장

카나리아를 사육하는데 쓰이는 조롱은 번식용 상자와 금속제 조롱 (또는 화장조롱)의 두 가지가 있다.

번식용 상자 이것은 전면만 철망으로 돼 있고 다른 부분은 나무판으로 된 상자형의 것이다.

번식용 상자는 번식시킬 때에 많이 사용한다. 전면에만 철망이므로 새가 차분하게 알을 품거나 새끼를 돌볼 수가 있다. 또 번식용 상자 전면에는 여름철에는 방충망이, 겨울철에는 방한용의 미닫이를 끼운다.

번식용 상자의 크기는 대(45㎝×45㎝×45㎝), 중(40㎝×33㎝×45㎝), 소(29㎝×29㎝×33㎝) 중에서 중(中) 이상을 사용한다. 특히 권모(捲毛) 카나리아는 대형이므로 번식용 상자도 큰 것을 사용한다.

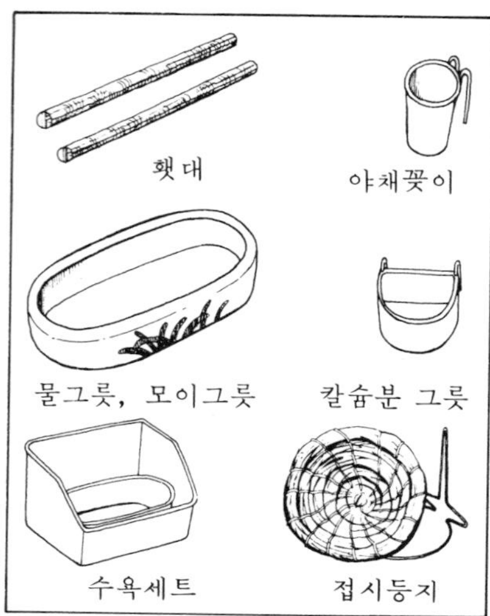

카나리아 사육에 필요한 용구

철망조롱 이것은 관상용의 조롱으로 둥근 형, 각형, 집모양 형 등 여러 가지가 있으나 카나리아가 자유롭게 활개칠 크기면 된다.

● 필요한 기구

카나리아를 기르는데 필요한 용구는 새장 외에 모이그릇, 물그릇, 야채꽂이, 횃대, 둥지 등이다.

용기 철망으로 된 금속성 조롱에는 대체로 모이그릇, 물그릇이 부속돼 있으나 번식용 상자의 경우, 사기그릇제의 타원형의 모이그릇이나 수욕(水浴) 세트 등이 필요하게 된다.

횃대 횃대로는 되도록 부드러운 오동나무, 접골목(말오줌나무) 등의 나무가 바람직한데 여하튼 다리에 충격을 가볍게 해준다.

둥지 둥지는 카나리아의 경우 번식할 때에만 사용하는 것으로, 다른 새들처럼 항아리형이 아니라 짚으로 만든 접시둥지를 사용한다. 물론 둥지가 불안하면 새가 진정하지 못하여 이용하지 않게 된다.

● 카나리아의 모이

배합사료 피, 조, 수수에 소량의 들깨, 평지, 카나리아시드 등을 배합한 모이가 카나리아의 모이로 시판되고 있다.

배합비율은 피 60%, 조 20%, 수수 10%와 카나리아시드, 들깨(또는 평지)가 각기 5% 정도이다. 이것이 카나리아의 매일의 주식이 된다.

가을부터 겨울에 걸친 계절에는 추위에 견딜 수 있도록 지방분이 많이 함유돼 있는 카나리아시드나 들깨 등을 평소보다 다소 많이 준다. 그러나 지나치게 많이 주면 살이 너무 찌므로 주의해야 한다.

푸성귀(青菜) 푸성귀는 유채가 제일 좋지만, 배추, 산동배추 등도 괜찮다. 푸성귀가 없을 때는 오이, 부드러운 양배추 등으로 대용한다. 카나리아는 이 푸성귀를 즐겨 먹으며 또, 푸성귀는 카나리아의 통변을 잘 해주므로 매일 신선한 것을 주도록 한다.

보레이가루 보레이분에는 칼슘이 많이 함유돼 있다. 보레이분을 주지 않으면 어미새는 껍질이 단단한 알을 낳을 수 없으며, 새끼새는 구루병에 걸리게 된다. 1년 중 내내 주도록 한다.

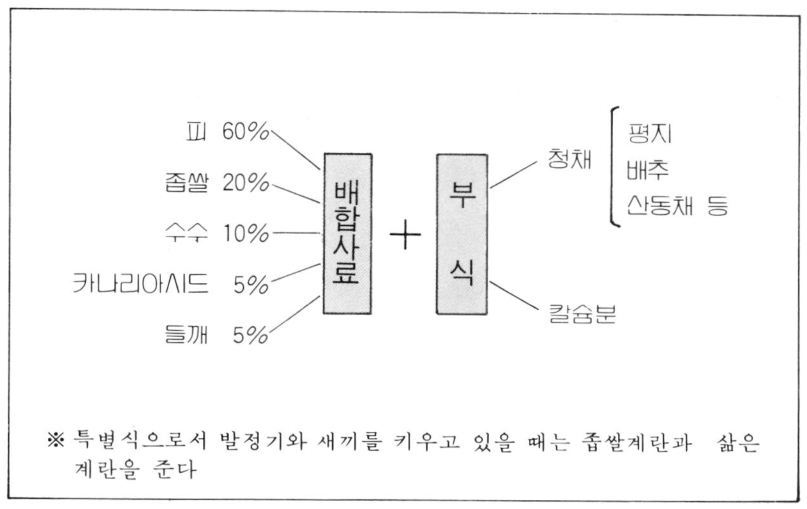

카나리아에 매일 주는 모이

좁쌀계란, 삶은계란 특별식으로서 특히 어미새의 발정사료이다. 좁쌀계란은 껍질을 벗긴 좁쌀 1홉에 계란노른자 1개를 넣고 충분히 휘저어 섞은 다음 말린다. 삶은 계란은 껍질을 벗겨서 절반으로 자른 것을 모이그릇에 담아 넣어준다. 삶은 계란은 카나리아의 체력증진, 발정에 효과과 있다. 쉬기 쉬우므로 하루가 지나면 바꿔준다.

카나리아의 사육관리

● 매일의 관리

모이 주는 법 카나리아의 사료는 앞서 말한 바와 같이 피나 조를 혼합한 배합사료인데 카나리아는 이들 모이의 껍질을 까서 알맹이만 먹고 껍질은 그냥 남긴다. 그러므로 반드시 하루 한번은 제거해 주어야 한다.

모이그릇을 밖으로 꺼내 입으로 살며시 불어서 껍질만 날려보내고 새 모이를 보충한다.

물은 언제나 깨끗한 것을 준다. 매일 아침 용기를 씻고 새 물로 갈아준다.

푸성귀는 언제나 신선한 것을 주도록 한다.

청소 한마리를 기르는 경우 2～3일에 한 번이면 되나, 여러 마리의 카나리아의 경우는 매일 또는, 이틀에 한 번 청소를 한다.

장마철에는 특히 불결해지므로 새장안을 건조시켜 깨끗하게 해주어야 한다. 바닥에 신문지를 깔아 수분을 흡수시켜 청소 때 바꿔 깔면 편리하다.

그리고 1～2개월에 한 번 정도는

카나리아를 다른 새장에 옮기고 사용했던 새장을 물로 씻고 열탕 소독한다.

수욕(水浴), **일광욕** 물을 갈아주면 카나리아는 즐겨 수욕을 한다. 수욕을 한 후에는 1시간 가량 일광욕을 시켜 젖은 깃을 건조시키도록 한다.

모 이	껍질을 입으로 불어 제거하고 새모이를 보충
물 갈 이	매일 아침, 용기를 씻고 신선한 물로 바꾸어 준다
청 소	2~3일에 1회. 장마철에는 매일 청소한다
열탕소독	1~2개월에 1회. 번식을 끝낸 후에도
수 욕	수욕 후 1시간 정도의 일광욕을
일 광 욕	하루에 2~3시간. 여름의 직사광선은 피한다

카나리아의 매일의 관리

겨울의 관리	집안에서 기른다 낮과 밤의 온도차가 적은 장소에 둔다 틈으로 들어오는 바람을 막는다 지방분이 많은 모이를 준다
여름의 관리	직사일광을 피한다 통풍이 좋은 서늘한 곳에 둔다 모기에 물리지 않도록 한다

카나리아의 계절의 관리

일광욕은 하루에 2～3시간 정도 햇빛을 쪼이도록 한다. 그러나, 여름의 뜨거운 직사광선을 피하도록 한다.

● 계절의 관리

카나리아는 추위에 약한 새다. 겨울·여름의 관리를 요약하면 앞 페이지와 같다.

카나리아의 번식법

카나리아는 잘 번식시키면 1년에 2～3회는 번식된다. 1회의 산란수가 4～5개이므로 1년에 8～10마리의 새끼를 키울 수가 있다.

● 산란(産卵) 까지의 관리

카나리아에 제일 적합한 번식시기는 봄으로 3～5월 사이이다.

봄에 산란시키려면 12월에, 늦어도 1월경부터 준비를 한다. 우선 발정을 촉진시키기 위해 주식 외에 좁쌀계란이나 또는, 계란 노른자를 삶은 것과 찐 감자(또는 고구마)를 반반으로 반죽한 것을 준다.

번식 시즌이 되면 잘 소독된 번식용 상자(새장)에 암·수 한 커플의 카나리아를 넣어 사람이 한동안 상태를 꼭 지켜보도록 한다(처음 암컷만 넣고 양쪽이 발정을 한 후에 함께 넣는 방법도 있다)

암놈이 상자에 익숙해지면 3일 후에 수놈을 넣는다. 그러면 즉시 교미가 시작되어 암놈은 보금자리를 만들기 시작할 것이다.

새장 안에는 모이그릇, 물그릇, 야채꽂이, 목욕그릇, 조개가루 그릇(칼슘그릇)과 보금자리풀 등을 1㎝ 정도

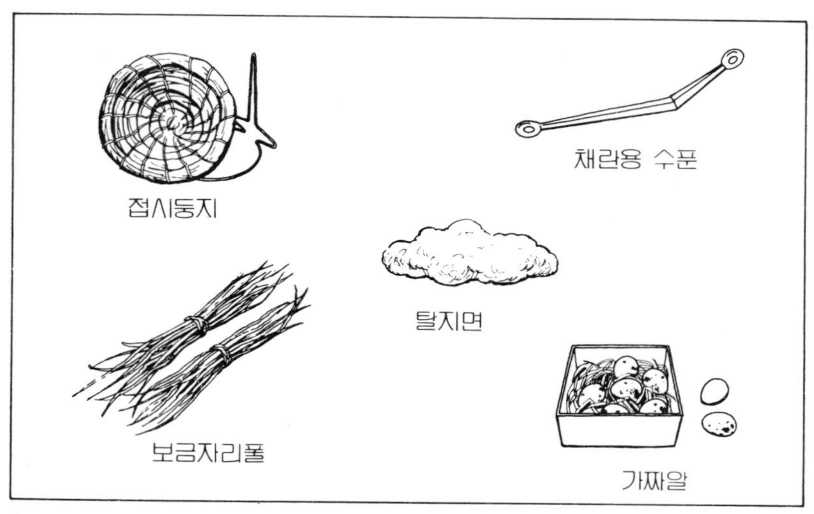

카나리아의 보금자리에 필요한 용구

카나리아의 산란에서 둥지떠남까지

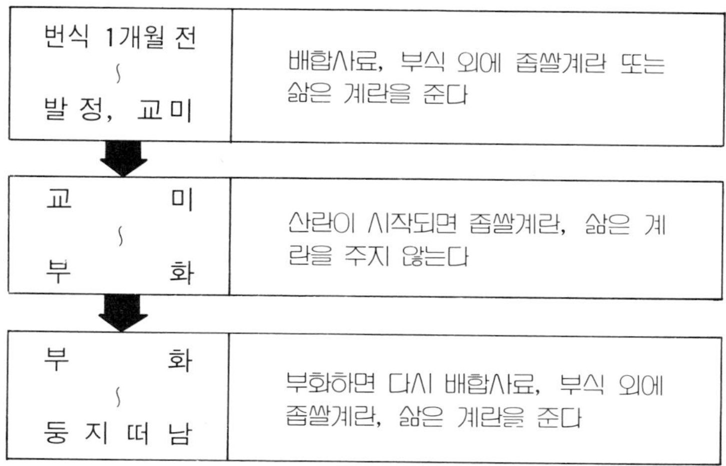

카나리아의 번식 중의 모이 주는 법

의 묶음으로 만들어 철망 안쪽에 새가 뽑아내기 좋게 느슨히 묶어 매어 달아 놓는다.

카나리아는 자유롭게 보금자리풀을 접시둥지에 옮겨 깨끗한 산실을 만들게 된다.

● 산란 후의 관리

1～2일 정도로 보금자리가 마련되면 카나리아는 곧 산란한다. 알은 매일 1개씩 합계 4～5개쯤 낳는다.

어미새는 최후의 알을 낳고 포란(抱卵)에 들어가는데, 맨 나중의 알색은 짙은색이다. 이것을 「멈춤알」이라 하여 산란이 끝났음을 의미한다.

포란에는 낳은 알을 자유로이 포란시키는 방법과, 알을 낳기 시작하면 멈춤알을 낳기까지 매일 낳는 알을 스푼으로 가짜알(새가게에서 카나리아용을 판매)과 바꾸어 보존해 두었다가, 산란이 끝나면 보존했던 알을 함께 둥지에 넣어(가짜알과 교환) 포란시키는 방법이 있다.

진짜알은 손에 접촉되지 않도록 하여 탈지면에 말아 서늘한 곳에 폭신하게 싸둔다.

전자의 방법(자유로이 즉, 2란부터 포란하는 경우)에선 부화일수에 차이가 있게 되나, 후자에선 거의 같은 날에 부화된다. 새끼가 각기 다른 날에 부화되면 발육도 달라져 후자의 방법이 취해진다.

● 부화 후의 관리

카나리아의 부화일수는 14일이 보통인데 어미새의 포란방법에 따라 1～3일 정도의 차이가 있다. 새끼는 처음에는 눈을 감고 있으나 1주일이 되면 눈을 뜬다. 그 후 2주일(부화 후 3주일)쯤 되면 둥지를 떠나는데 처음에는 둥지 가장자리에 나와 밖을 내다보며 지낸다.

그리고 2～3일쯤이면 낮에 1～2시간 정도 횃대에 앉게 되며, 차츰 둥지 밖의 생활이 많아져 둥지에는 들어가지 않게 된다. 둥지를 떠난 새끼는 둥지에서 나와 상자 밑에 까지 내려 오는데 아직 어미로부터는 모이를 받아먹는다.

어미새와 새끼를 떼어놓는 시기는 둥지를 떠난 후 약 10일(부화 후 약 1개월)쯤이다.

새끼가 스스로 모이를 먹을 수 있는데도 어미새와 함께 두면 새끼는 튼튼하게 자라지만 어미새의 다음 산란이, 늦어진다. 따라서 길어도 부화 후 1개월 반 정도면 어미새로부터 떼어놓도록 한다.

● 번식 중의 모이 주는 법

번식 중 어미새의 모이, 산란에서 부화 중의 모이, 부화 후와 둥지떠남에 있어서의 모이 주는 법은 다음 표와 같다.

● 어미새 고르는 법

번식시키는 어미새를 고를 때는 어미와 제 새끼 등 혈연이 있는 것(근친교배)은 새끼에 기형이 생기는 수가 있어 절대로 피한다.

또한 어미새의 나이도 번식에 적합한 것을 고른다. 너무 나이 먹은 새는 무정란이 많거나, 산란하지 않는 수가 있기 때문이다. 암컷은 3세 정도 수컷은 4세 정도까지의 새가 번식에 적합하다.

그 밖에 버릇이 나쁜 것은 피하도록 한다. 예컨대 산란을 하고도 품지 않거나, 알을 둥지에서 떨어뜨린다든지, 알을 먹어치우는 따위는 피해야 한다.

● 링 끼우는 법

전문가들은 새끼 때에 링(足輪) 을 끼운다. 이것이 없으면 가치가 떨어지지만 초심자로서 귀찮게 생각되면 그대로도 무방하다.

링은 부화 후 1주일쯤에 끼운다(새

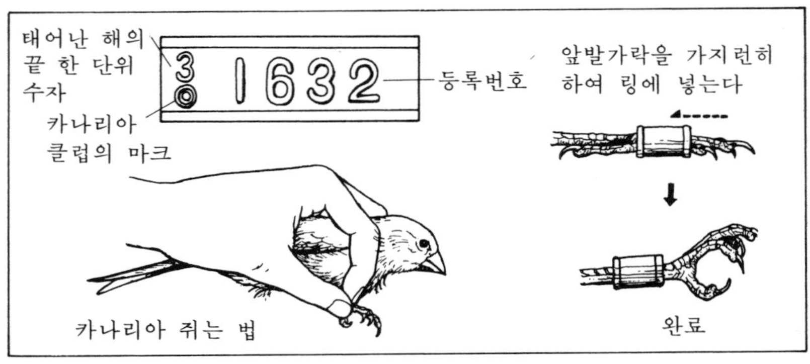

카나리아의 링 끼우는 법

카나리아의 자웅 식별법

가게에 있다). 끼우는 법은 전방에서 발가락 3개를 먼저 끼우고, 뒤에 남은 발가락을 끼우면 된다. 이보다 일수가 지나가면 들어가지 않으므로 잊지 말아야 한다.

● 자웅의 식별법

카나리아의 암·수 식별은 어미새의 경우에는 총배설공(홍문부)의 깃털을 입으로 불어 들여다보면 작은 사마귀 같은 돌기가 있는데, 이 돌기에는 가늘게 뾰족한 것과, 둥굴게 부풀어져 있는 것이 있다. 가늘게 뾰족한 것이 수컷 둥근것이 암컷이다.

새끼의 경우는 식별하기가 매우 어렵다. 그러나 부화 후 2~3 개월이 지나면 수컷은 목을 부풀리고 지저귀게 되는데 암컷은 이러한 지저귐이 전혀 없는 것이다.

여하튼 겉보기로 판별하기란 어려우므로, 처음 카나리아를 기르는 사람은 새가게에서 골라 받는 것이 무난하다.

털 착색을 위한 모이

울음소리의 훈련과 깃털의 착색법

●울음소리의 훈련

카나리아는 울음소리를 잘 나게 하기 위해 훈련시키는 경우가 있다.

훈련방법은 울음소리가 좋은 다른 카나리아(자기를 낳은 어미새가 아닌)를 새끼의 곁에 놓는 것이다.

새끼는 부화 후 2～3개월이 되면 지저귀는 흉내를 내는데, 그때 잘 우는 카나리아 곁에 놓아 그 새의 울음소리를 들려주어 익히도록 한다. 그러나 이렇게 한다 해도, 새끼가 반드시 잘 지저귀게 된다는 보장은 없다.

●깃털의 착색

깃털의 착색(깃털의 색을 진하게 하는)에는 홍당무나 찐 계란의 노른자위를 준다. 또는 새가게에서 카나리아용의 색을 진하게 하는 약을 팔고 있는데, 이런 것을 늘 준다고 효과가 있는 것이 아니므로 털갈이(묵은 털이 빠질 때) 시기에 주도록 한다.

원 포인트 어드바이스

질문 카나리아를 기르고 있다. 금년에 처음 알을 낳았는데 방심한 사이에 어미새가 먹어버렸다. 모이는 배합사료 외에 청채(靑菜)를 주고 있는데 알을 먹지 못하게 하는 방법은?

해답 산란을 먹어치우는 것은 칼슘분이나 동물성 단백질의 부족이 원인이라 생각된다. 이러한 새에는 보통 모이 외에 보레이분 등을 충분히 줄 필요가 있다.

방심하여 식란(알을 먹는 것)을 하도록 하면 버릇을 고치기 어렵게 된다. 보레이분 외에 삶은 계란 노른자도 가끔 주도록 한다.

식란하는 새가 산란하면 곧 알을 꺼내고 가짜알을 넣도록 하는 것도 좋은 방법이다. 식란의 버릇이 붙은 새의 경우는 십자매의 가모로 포란(抱卵)시킨다.

질문 이제까지 잘 울던 카나리아가 장마철에 들어서 별로 울지를 않는다. 왜 그러는지.

해답 새가 잘 지저귀는 것은 그 새의 몸 컨디션이 좋을 때이다.

이제까지 잘 울었는데 갑자기 울지 않게 되고, 식욕도 없어 깃털의 짜임새도 나쁜 경우는 어딘가 불편한 증거이다. 이런 상태가 계속되면 빨리 수의사에게 보이도록 해야 한다.

그러나 질문에서와 같이 장마철에 한 한 경우, 대부분의 새는 이 시기가 털갈이 때로 털갈이 새에게는 큰 시련이므로 울지 않는 수도 있다. 울지만 않을 뿐 활발하며 깃털도 짜임새가 있다면 확실히 털갈이 시기 때문일 것이다.

장마철은 새도 환경 적응이 잘 안 되기 쉬워, 또 불결해지기 쉬우므로 청결 유지가 첫째이다.

사랑앵무(잉꼬:背黄青鸚哥)

사랑새에서 즐기는 것
- 자태나 동작을 본다
- 흉내나 재주를 길들인다
- 손노리개로 한다

사랑새는 앵무새과에 속하는 새로서 원산지는 오스트레일리아 대륙으로, 그곳에서는 대집단을 이루고 생활한다. 공원 등에서 흔히 볼 수 있는 새이다.

사랑새는 1840년경 영국에 수입되어 기르기 시작했다. 번식에 성공한 것은 독일이나, 영국을 중심으로 털색 개량이 이루어졌다. 현재의 사랑새 품종은 대부분이 영국인에 의해 개량되어 산출되었다.

사랑새는 가장 인기있는 새로, 길러보면 튼튼하고 다루기가 쉽고 포란도 잘 한다는 여러 가지 조건을 충족시켜 주므로써 많은 애호가가 생겨나게 되었다.

또 근년에는 고급 사랑새(오파린, 바이올레인트등)가 개발되어 그 아름다운 색체 뿐 아니라 귀여운 동작에 매력을 느끼게 되며, 소리는 미성은 아니지만, 명랑하여 하루 종일이라도 지저귄다. 사랑새는 새끼 때에 길들이면 손노리개용으로 또는 앵무새와 마찬가지로 흉내를 가르킬 수도 있다.

사랑앵무의 종류

현재 흔히 기르고 있는 사랑새는 크게 나누어 보통(並) 사랑새와 고급사랑새이다. 고급사랑새는 할퀴인계와 오파린계로 나뉜다. 최근에는 큰 몸집의 대형사랑새라 불리우는 것도 등장하고 있다.

● 보통(並) 사랑앵무

보통사랑새는 일반가정에서 많이 기르고 있는데, 새가게 점두 등에서 지저귀는 것의 대부분이 이 보통사랑새이다.

사랑새 중에는 녹, 황, 청 등 여러 가지 털색의 것이 있다. 이들 털색 중에서 가장 원종에 가까운 것은 녹색의 것으로 가슴에서 복부에 걸쳐 아름다운 황록색을 띠고 있다.

청색의 것은 녹색의 사랑새에서 작출된 것으로, 이들 여러 가지 색의 것을 교배시켜 회색의 것 등, 많은 색의 사랑새를 만들어냈다.

● 고급사랑앵무

고급사랑새란 보통사랑새를 바탕으로 하여 영국인에 의해 다시 개량되어 작출된 사랑새의 총칭이다. 보통사랑새에 비하면 고급사랑새의 체형은 한층 큼직하다.

할퀴인계 할퀴인계의 것은 배면에 검은 옆무늬가 없고 그냥 바탕색과 같다. 황색할퀴인, 백색할퀴인, 4색할

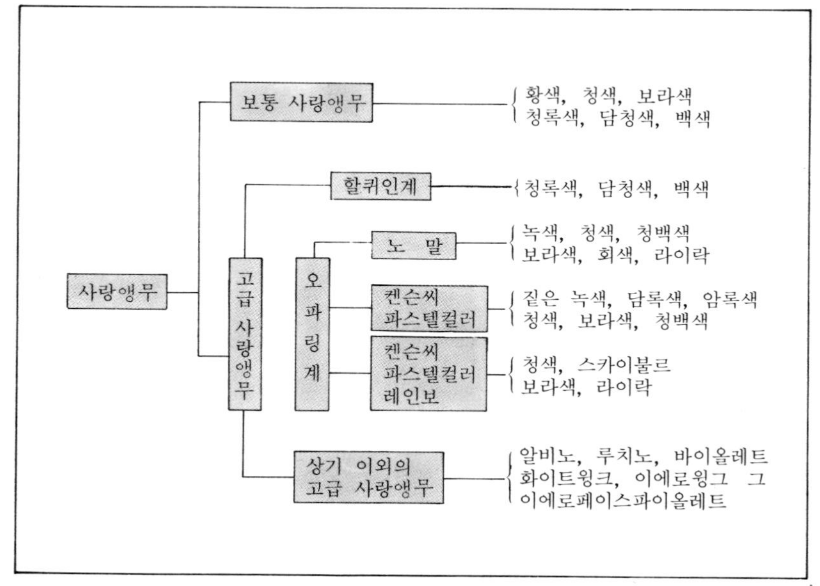

사랑앵무(背黃青잉꼬)의 종류

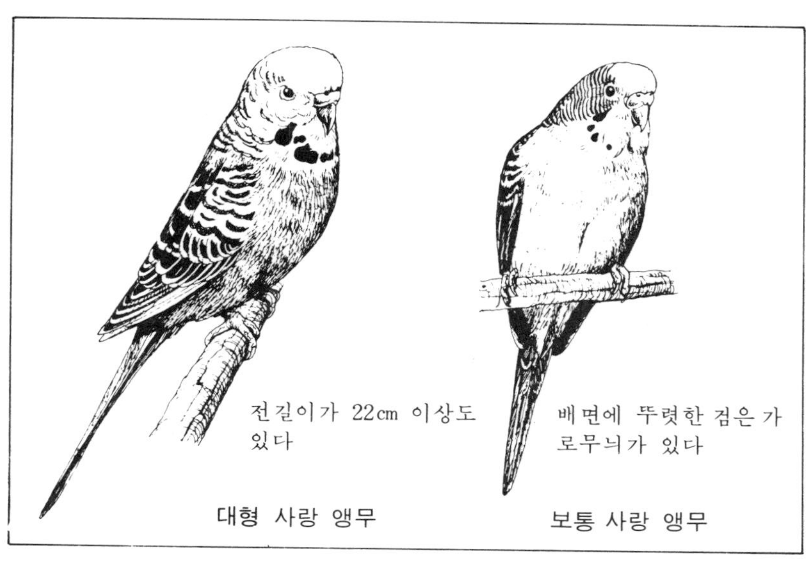

대형 사랑 앵무　　보통 사랑 앵무

오파린계　　할퀴인계

퀴인, 크림색할퀴인 등의 품종이 있다.

오파린계 오파린계의 것은 배면의 검은 엽무늬가 부분적으로 있다. 그리고 날개 부분이 검은 반점 모양으로 돼 있는 노말오파린과, 영국인인 켄슨씨가 작출해낸 날개 부분이 짙은 다색

의 반점무늬로 된 파스텔컬러오파린으로 나뉘어 진다.

이밖에 고급사랑새에는 레인보계, 알비노 등 많은 품종이 있다.

● 대형 사랑 앵무

고급사랑새의 대형의 것에서 작출된 품종으로 몸체가 크며, 깃털의 색이 선명하여 아름다운 것이 특징이다.

대형사랑새는 노멀계와 파이드계로 크게 나뉜다. 전자는 보통 사랑새의 깃털과 비슷하며 배면에도 검은 띠가 있다. 후자의 털색은 얼룩색이다. 대형사랑새의 크기의 표준은 영국에서는 23센티 이상, 우리 나라에서는 22센티 이상을 말한다.

● 앵무새와 잉꼬에 대하여

잉꼬나 앵무새는 분류학상 앵무새과에 속하는 같은 족속이다. 다만 우리 나라에서는 보통, 앵무새와 잉꼬로 나누어서 부르고 있다.

분류법은 관우(冠羽)를 가지고, 채색이 백색(드물게 흑색도 있음)의 것을 앵무새라 하며, 색채가 있고 관우가 없는 것(있는 것도 간혹 있음)을 잉꼬라고 부른다.

관상용으로 즐기는 것과 길들여서 손노리개로 하는 것, 그리고 흉내를 내게 하는 것 등이 있다.

사랑앵무 사육에 필요한 것

● 사랑앵무 새장

사랑새를 기르는 데는 쇠줄장이 가장 적합하다. 사랑새 따위의 잉꼬류는 부리가 강하므로 나무상자에 가두어 두면 갉아내어 구멍을 뚫는다.

관상용의 쇠줄장은 둥근형, 각형, 집모양형 등 기호에 따라 고르면 된다. 사랑새는 조롱 안에서 자유로이 활동한다. 그러나 번식을 시키려면 번식용 새장 안에 넣어야 되므로, 보다 큰 쇠줄장이 필요하다.

보통사랑새는 추위에도 강하여 금사

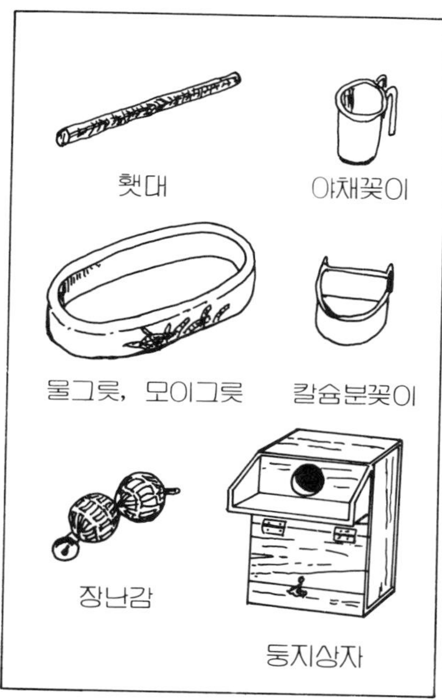

사랑 앵무 사육에 필요한 용구

에서 기르기에도 적합하다.

또 십자매 따위도(금사가 넓으면) 함께 기를 수 있다.

● **필요한 용구**

모이그릇, 물그릇 등 외에 야채꽂이, 둥지상자, 횃대 등이 필요하다.

용기 시판되는 쇠줄장에는 물그릇 따위가 부착되어 있는데 번식용 새장 등 모이그릇이 부착되어 있지 않은 경우에는 타원형인 사기그릇의 물그릇과 모이그릇, 야채꽂이 등은 플라스틱제의 것이 편리하다.

둥지 둥지상자는 사랑새용의 목제의 것이 시판되고 있는데 간단히 손수 만들 수도 있다.

노리개용 도구 손노리개용의 도구는 미니 스탠드나 그네 등, 여러 가지 놀이도구가 시판되고 있다.

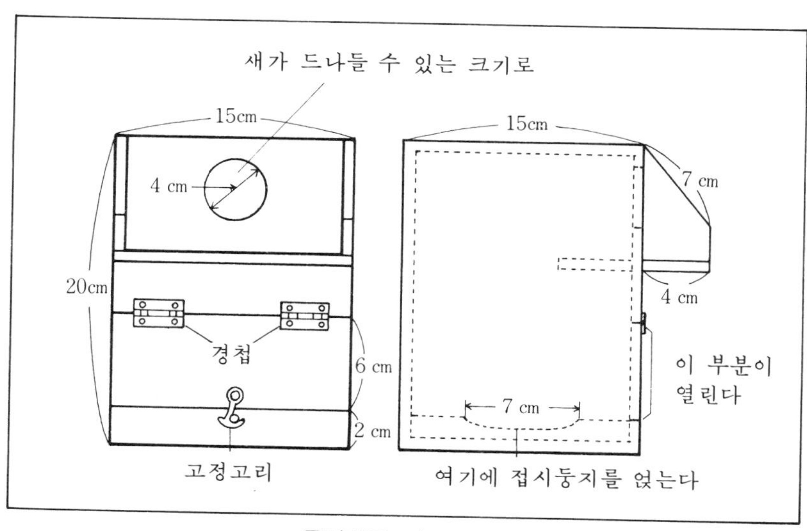

둥지상자 만드는 법

이것들은 새장 안의 횃대 구실을 하는 것으로서, 처음부터 스탠드나 그네에 익숙해지게 하면 이것이 자기가 사는 장소라고 생각하고 놀다가 싫증이 생기면 횃대로 돌아온다.

● 사랑앵무의 모이

배합사료 사랑새의 주식은 피, 조, 수수를 혼합한 배합사료로 새가게에서 시판되고 있다. 이들 배합비율은 피 70%, 조 20%, 수수 10% 정도이다. 수수를 약간 줄여 그에 상당한 카나리아 시드를 소량 넣는 경우도 있다.

푸른 야채 배추잎, 양배추, 유채, 오이 등은 좋은데 시금치와 같이 떫은 맛이 있는 것은 주면 안 된다. 또 사랑새는 푸른잎을 그다지 좋아하지 않으므로 2~3일에 1회 정도 주면 충분하다.

보레이가루 보레이가루는 1년 중 떨어지지 않도록 급여한다. 칼슘 보급에 보레이가루 대신 오징어뼈를 주기도 한다.

좁쌀계란 새끼를 키울 동안에만 좁쌀계란을 준다. 계속 너무 주게되면 지방과다증이 된다.

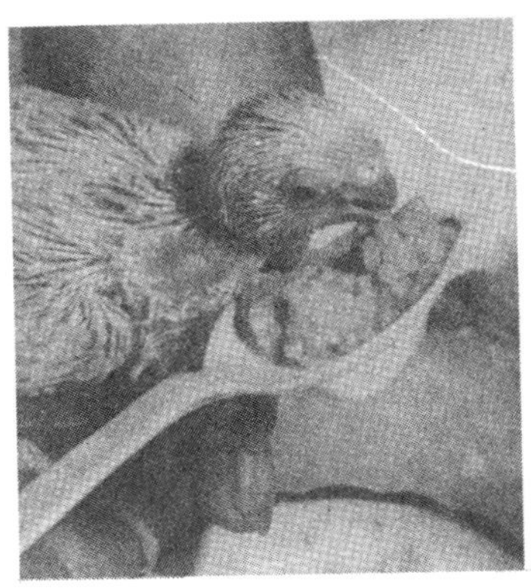

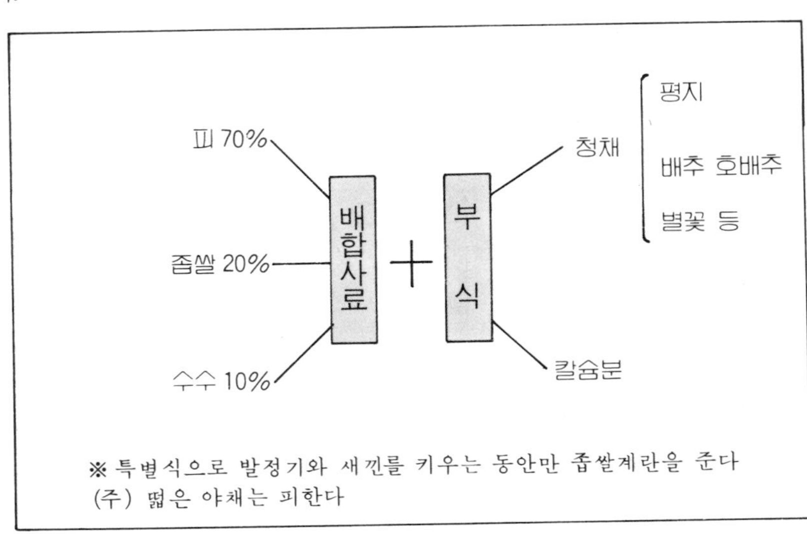

사랑 앵무에 매일 주는 모이

사랑앵무 사육관리

● 매일의 관리

사랑새는 비교적 튼튼한 새이므로 매일의 관리는 별로 어려울 것이 없다.

모이 주는 법 사랑새는 피, 조 등의 껍질을 까서 알맹이만 먹는다. 그래서 껍질이 모이그릇에 남게 되는데 밖에서 보면 모이가 있는 것 같이 보이지만 빈 껍질 뿐인 결과가 된다. 따라서 하루에 한 번은 반드시 모이그릇을 꺼내어 가볍게 입으로 불어 껍질을 제거하고 새 모이를 보충해 주어야 한다.

또한 금사 등 여러 마리의 새를 함께 기르는 경우, 모이그릇을 몇 군데로 나누어 놓는다. 약한 순위의 새도 충분히 모이를 먹을 수 있게 하기 위해서이다.

물은 항상 깨끗한 물을 먹을 수 있도록 하루에 한 번은 반드시 용기를 씻어 새 물로 갈아주도록 한다.

푸른 야채는 그리 즐겨 먹는 새가 아니므로 2～3일에 1회 주면 충분하다. 그러나 새끼를 키울 때는 잘 먹으므로 매일 주도록 한다.

보레이가루는 칼슘의 보급을 위해 필요하다. 1년 중 주도록 한다.

청소 새장의 청소는 더러워지는 상태에 따르겠지만 2～3일에 1회는 해야 한다. 조롱의 바닥에 신문지를 깔아놓으면 편리하다. 신문지는 수분을 흡수하여 조롱 안을 건조시키므로 청결성을 유지하며, 청소 때도 신문시를 갈아주는 정도로 끝나기 때문이다.

청소 외에 한달에 한 번은 대청소

모 이	껍질을 입으로 불어 제거하고 새 모이를 보충
물 갈 이	매일 아침 용기를 씻고, 신선한 물로 바꾸어 준다
청 소	2～3일에 1회. 장마철에는 매일 청소한다
열탕소독	번식후에 한다
일 광 욕	하루에 3～4시간

사랑 앵무의 매일의 관리

장마철 부터 여름의 관리	• 청소를 잘 해주고 언제나 청결하게 한다 • 직사일광을 피한다 • 서늘한 장소에 둔다
가을부터 겨울의 관리	• 지방분이 많은 모이를 준다 • 낮과 밤의 온도차가 작은 장소에 둔다 • 북풍을 막아준다

사랑앵무의 계절의 관리

즉, 새장을 물로 세척한다. 특히 번식을 한 후에는 세척하고 열탕 소독을 하도록 한다.

수욕, 일광욕 사랑새는 수욕을 그다지 좋아하지 않으므로 수욕 용기는 필요 없다. 또 일광욕은 하루에 3～4시간 정도면 충분하다.

● 계절의 관리

장마철에서 여름 장마철에서 여름에 걸쳐서는 새장이나 모이그릇 등이 불결해지기 쉬운 계절이다. 청소를 세밀히 하여 되도록 깨끗한 환경에서 기르도록 한다. 또 강한 직사광선은 피하고 서늘한 장소를 정해두도록 한다.

가을～겨울 가을부터 겨울동안은, 추위를 막기 위해 카나리아시드 등 지방분이 많이 함유된 모이를 다소 많이 주도록 한다.

사랑새는 튼튼한 새이지만 역시 온도의 현격한 차는 좋지 않다. 따라서 낮과 밤의 온도차가 너무 심하지 않은 장소에 놓도록 한다.

그밖에 금사에서 키울 때도 특별히 보온할 필요는 없다. 그러나 북향 쪽은 판자나 비닐로 둘러주어 북풍을 막도록 한다.

사랑앵무 번식법

● 산란까지의 관리

사랑새의 번식에는 둥지상자를 넣기 위한 큰 새장이 필요하다.

둥지상자는 새장 안쪽 위에 고정시킨다. 둥지상자가 흔들리면 어미새가 안심하고 포란을 하지 않는 수가 있으므로 단단히 고정시켜야 한다.

사랑새는 카나리아나 핀치류와 달라 보금자리풀을 사용하지 않는다. 보금자리풀 대신에, 둥지상자의 구석을 물어뜯어 나무부스러기를 둥지상자 바닥에 깔고 산란을 한다. 간혹, 그대로 산란하는 것도 있다.

좁쌀계란 등의, 발정을 촉진시키는 모이를 특별히 급여할 필요는 없다.

사랑새가 발정하면 수놈은 암놈을 향해 「책책」 지저귀며, 입으로 모이를 먹여준다. 그러는 동안 둥지상자 안에서 또는, 횃대에서 교미하게 된다.

암놈이 둥지상자 속에 들어앉아, 모이나 물을 마실 때 이외에는 보이지 않게 되면 산란의 징조이다. 암놈은 둥지안에만 있게 되고 수놈은 암놈에게 부지런히 모이를 날라다준다.

● 산란 후의 관리

둥지에서 나온 암놈이 똥을 크게 누기 시작하면 산란의 신호이다. 이때 암놈의 하복부가 부풀어 보인다.

산란은 매일 또는, 하루 길러서 하는데 1회의 산란수는 4～6개 정도이다.

사랑새에선 알을 따뜻하게 하는 것은 오직 암놈의 일이다. 수놈의 역할은 둥지 안에 있는 암놈에게 모이를 나르는 것뿐이다. 포란기간은 17～18일 정도이다.

● 부화 후의 관리

새끼가 부화하면 둥지 안에서 「쥽쥽」하며 어미새에게 모이를 보채는 새끼의 소리가 들려온다. 후화된 새끼의 눈은 처음은 뜨지 못하지만 1주일이 지나면 눈을 뜨게 된다.

새끼가 부화하면 좁쌀계란 등 영양가가 높은 모이를 준다. 또 보레이가루와 푸른야채도 절대로 끊어서는 안

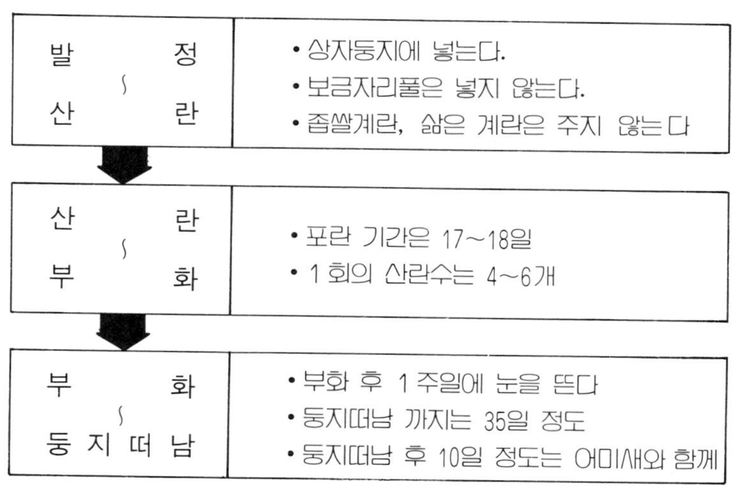

발정 ～ 산란	• 상자둥지에 넣는다. • 보금자리풀은 넣지 않는다. • 좁쌀계란, 삶은 계란은 주지 않는다
산란 ～ 부화	• 포란 기간은 17～18일 • 1회의 산란수는 4～6개
부화 ～ 둥지떠남	• 부화 후 1주일에 눈을 뜬다 • 둥지떠남 까지는 35일 정도 • 둥지떠남 후 10일 정도는 어미새와 함께

사랑앵무의 번식 방법

된다.

새끼가 둥지를 떠나는 시일은 카나리아나 핀치류에 비해 길어 35일이나 걸린다. 부화하여 둥지떠남까지의 일수는 길지만, 둥지떠남 때는 털색도 뚜렷하며 거의 손수 모이를 먹을 수 있게 된다.

사랑새의 새끼는 카나리아 등과 달라일단, 둥지에서 나오면 대개가 둥지로 되돌아가지 않는다. 새끼는 모이를 혼자 먹을 수 있으나 둥지떠남 후 10일 정도는 어미새와 함께 두고, 새장 바닥에 모이를 뿌려 빨리 모이게 익숙하게 길들인다.

●가금사(家禽舍)에서의 번식법

금사사육인 경우에도 번식시킬 수가 있다. 금사사육의 사랑새 번식도 새장에서의 번식 때와 거의 같은 방법으로 하면 좋은데, 금사 사육일 때는 둥지상자의 수를 사랑새의 짝맞춤(자웅)의 수보다 많이 넣어준다.

예컨대, 세쌍의 자웅을 사육하고 있는 금사에는 4~5개의 둥지상자를 부착시키도록 한다. 이것은 같은 둥지를 두쌍 이상의 자웅이 서로 차지하지 못하게 하기 위해서이고, 둥지상자가 적으면 한 쌍의 짝맞춤의 포란, 새끼 키우기를 다른 자웅이 방해하기 때문이다.

●어미새 고르는 법

어미새 즉, 중요한 짝이 사이가 좋은가 하는 것이 최대의 포인트가 된다. 먼저 근친 교배에서 생긴 것, 노령인 것, 식란(食卵) 버릇이 있는 것 등은 실격이다. 또 사랑새에는 여러 가지품종이 있는데 품종을 유지하기 위해서

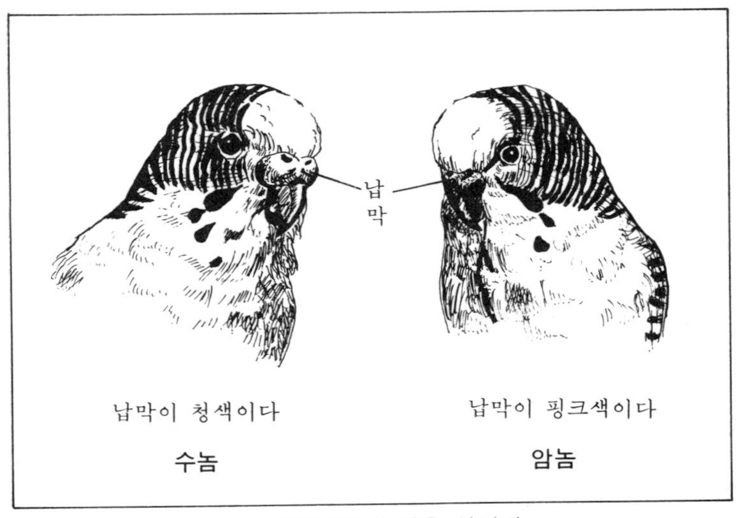

사랑앵무의 자웅 식별법

도 같은 품종의 것을 교배시킨다.

● 자웅의 식별법

몇번 붙여주어도 실패하였다는 사례 중에는 양쪽이 모두 암놈끼리였다는 우스운 이야기도 있다.

사랑새는 수놈이나 암놈이나 양쪽이 모두 모양 색채가 아름답다. 그래서 가끔 틀리게 되는데 가장 간단한 식별법은 사랑새 코의 색이 다르다는 점이다.

즉, 부리의 밑둥에 구멍이 있어 그 주위를 납막(蠟膜)이라 부르는데 이 부분이 수놈은 짙은 청색이며, 암놈은 연한 핑크색이다.

그러나 보통사랑새에서는 비교적 간단히 식별할 수 있으나 고급사랑새나 새끼에선 식별하기 어려운 경우도 있다.

그런 경우에는 행동을 잘 관찰하는데, 수놈은 잘 지저귀며 암놈에게 말을 건다.

손노리개 앵무로 기르는 법

● 태어난 새끼의 인공사육법

여기서 손노리개라는 뜻은 사람의 손으로 기른 것 즉, 부화 후 1주일 정도밖에 안 되는 새끼를(털도 안 난 것) 어미로부터 분리시켜 사람의 손으로 직접 먹여주며 기르는 것을 말한다.

이렇게 사람이 직접 먹여주면서 새끼 때부터 기르면 문조나 앵무나 모두 그 길러주는 사람을 말하자면 어미로 생각하고 이른바, 길들여져서 손에 앉

사랑 앵무는 손노리개가 된다

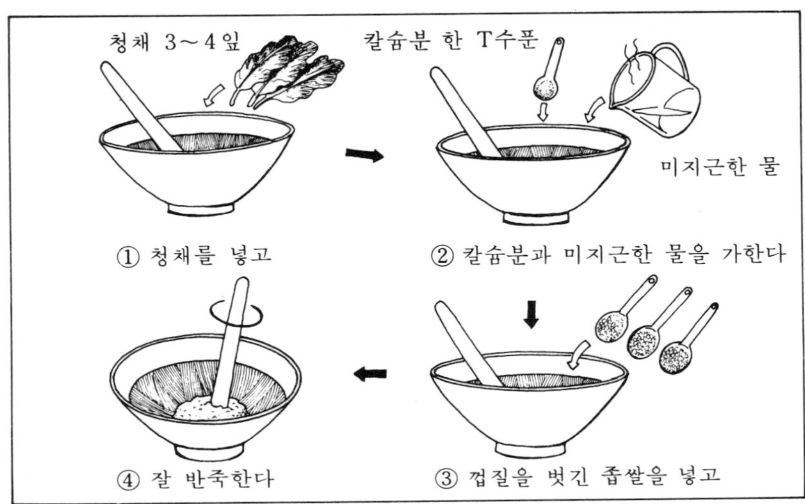

새끼에 먹일 모이 만드는 법

기도 하고 주인을 따라다니기도 할 뿐더러 손가락이나 머리 위에 날아오르기도 한다.

어미새로부터 떼어낸 새끼는 보온을 해주어야 하는데, 그러기 위해서는 뚜껑이 있는 새끼용 둥지에 넣는다. 둥지 속에는 부드러운 짚이나 헝겊조각, 신문지 등을 깔아서 따뜻하게 해 준다. 한마리의 새끼보다 4~6마리의 새끼를 한 둥지 속에 넣어 새끼들 자신의 체온으로 둥지가 보온이 되게 한다.

● 손노리개 앵무 모이 주는 법

새끼에 주는 모이는 껍질을 벗긴 좁쌀을 끓는 물에 10분쯤 삶아서 건져낸 뒤 식혔다가 주면 되지만, 좀 더 영양분이 있는 사료를 주려면 다음과 같은 방법이 있다. 즉, 사기로 만든 절구에 푸른 야채(유채를 3~4매)를 잘 으깬다. 여기에 보레이가루 소량을 넣고 미지근한 물을 첨가, 주식인 조를 넣어 잘 으깨서 섞는다.

모이 먹이는 법은 작은 플라스틱 수푼에 모이를 넣어 새끼의 부리에 갖다댄다. 집게손가락을 스푼 밑에 고정시키고 엄지손가락으로 모이를 조금씩 밀어 넣어 새끼 입 속에 넣는다.

새끼에게 모이를 주는 시간은 아침 6시에서 저녁 6시경까지 1~2시간 간격으로 준다. 새끼가 커짐에 따라모이를 주는 간격을 늦춘다. 2~3주일이 지나면 사람과 마찬가지로 아침, 점심, 저녁의 3회에 주면 된다.

1회에 주는 양은 새끼의 모이주머니가 부풀 때까지 준다. 모이주머니가 어느정도 부풀면 새끼는 입을 벌리지 않는다. 1개월쯤 지나 떨어진 모이를

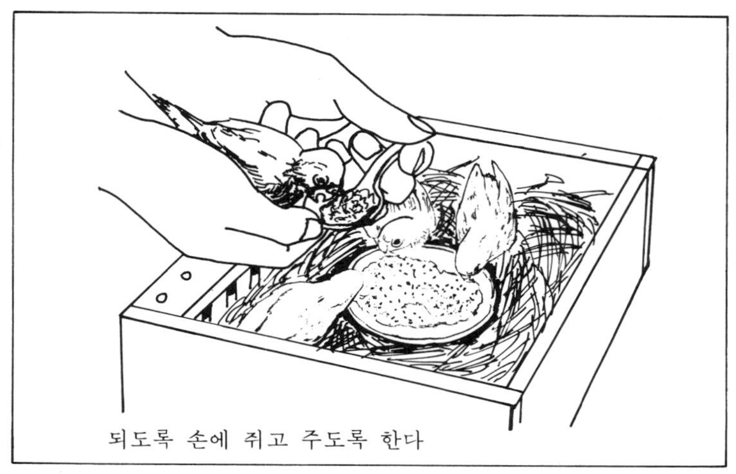
되도록 손에 쥐고 주도록 한다

모이 주는 법

주워먹게 되면 둥지에서 꺼내어 됫박조롱에 옮긴다.

그 무렵부터는 수푼으로 먹이는 모이를 조금씩 줄이고 됫박조롱에 바닥에 껍질을 깐 조를 뿌려주어 어미새와 마찬가지의 모이로 차츰 전환시킨다.

손노리개로 길들이려면 사람에게 익숙하게 되도록 손에 쥐고 주도록 한다. 또, 모이를 준 후에도 손이나 어깨 등에 앉히고 놓아주어 되도록 새와 접촉하는 시간을 만들도록 유념한다. 한편, 큰 소리를 내거나, 쫓아서 놀라게 하거나, 무섭게 하거나 하면 사람에 익숙해지지 않는다.

● 손노리개 앵무의 날개 자르는 방법

손노리개 앵무는 아무리 길들여졌다 하여도 일단 밖으로 날아간 다음에는 비둘기처럼 집으로 되돌아오는 법은 없어 행방불명이 된다.

그러므로 너무 멀리 날아가지 못하도록 날개의 일부를 잘라두어야 한다. 기본적으로는 한쪽 첫째 날개를 잘라 균형을 잡지 못하게 하여 날을 수 없게 하면 된다. 그러나 미관상, 처음 2매를 남기고 자르거나, 날개의 깃털을 한 매 걸려 자르면 외관으로는 잘라낸 표가 나지 않는다.

날개를 자르는 부위는 날개의 밑둥과 피부를 확인하여 피부를 상하지 않도록 한다.

날개를 자르는 시기에 있어서 여름에서 가을에 걸친 털갈이 시기는 피한다. 이 시기는 깃축에 혈액이 통해 있어 출혈할 염려가 있기 때문이다.

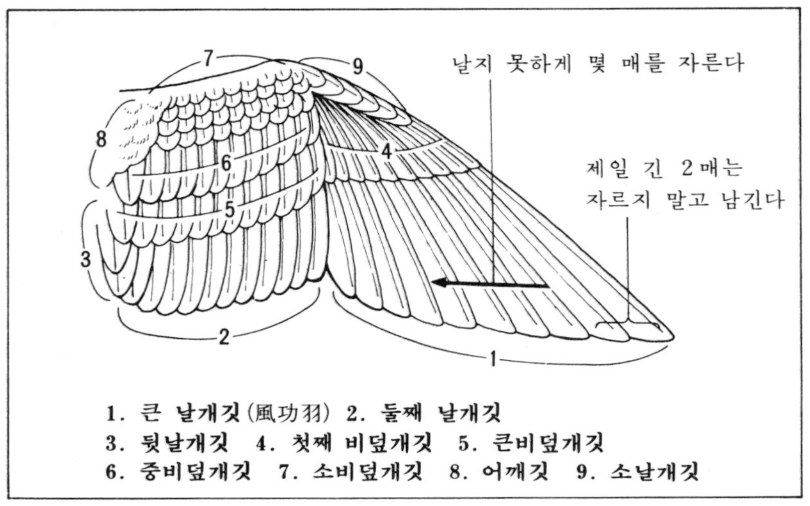

손노리개 앵무 날개 자르는 법과 명칭

흉내를 가르치는 요령

사랑새에는 흉내를 잘 내는 새가 있다. 더구나 상당히 긴 말을 계속 지저귀기도 하는데 이 점에선 앵무새나 잉꼬, 구관조도 따르지 못한다.

흉내내는 사랑새를 훈련시키는 데는 무엇보다도 끈기이다. 끈기있게 계속하는 것이 좋은 새로 길들일 수 있기 때문이다. 따라서 시간 여유가 있는 주부가 적합하다 말할 수 있다.

이에는 먼저 손노리개 사랑새로 키우고, 그리고 손에 올려놓고 입을 가까이 대고 부드러운 말부터 가르친다. 예를 들면「안녕하십니까」와 같은 일상용어이다.

처음 얼마 동안은「안녕…」 정도부터 시작하고 점차「안녕하십…」「안녕하십니까」의 식으로 조금씩 더 배워준다. 이렇게 간단한 말을 기억시키면 영리한 것은 여러 가지를, 개중에는 몇십가지의 말을 기억하는 것도 있다.

1회의 훈련시간은 10~15분쯤으로 그친다. 물론 이밖에 그 앞을 지나갈 때에도 얼굴을 마주치게 되면 같은 말을 걸도록 한다. 새들이 가장 반응이 잘 되는 시간은 대체적으로 오전 중에는 10시경, 오후에는 3시경 (간식시간) 이 타이밍이 좋은 시간이다.

흉내내는 사랑새를 키우려면 고급사랑새의 수놈이 좋은데 의외로 암놈은 좋은 것이 별로 없다. 또 보통사랑새도 적합하지가 않다.

원 포인트 어드바이스

질문 사랑새(背黃青잉꼬) 한쌍을 기르고 있는데 1년이 지나도 알을 낳지 않는다. 알을 낳게 하려면 어떻게 해야 되는지요?

해답 사랑새는 생후 6～9개월로 성조가 되어 알을 낳기 시작하므로, 1년이 지나도 알을 낳지 못하는 것은 정상이 아니다.

1년이 지나도 알을 못낳는 것은 한쌍이라 생각하고 있는 사랑새가 모두 수컷이 아닐지. 수놈은 부리 위 밑에 있는 납막(蠟膜)이 짙은 청색이며, 암놈은 백색(핑크색)이므로 간단히 구별할 수 있다. 다시 한 번 확인해 보자.

또는 어느 한편 사랑새를 암놈이라 확실히 확인된 것과 교환해 보도록 한다. 그러는 동안 둥지상자 안에서나 횃대에서 교미하게 되어 암놈이 둥지상자에서 잘 나오지 않게 돼면 산란한다.

질문 사랑새의 눈 주위에 부스럼 딱지 같은 것이 생겨 가려워 하고 있다. 어떤 질병인지 또, 치료 방법은 무엇인지.

해답 사랑새의 부리나 눈 주위, 발가락에 부스럼 딱지가 생겨 가려워 하는 것은 개선증(疥癬症)이라는 병이다. 이 병은 작은 옴벌레인 진드기의 일종이 사랑새의 눈 주위 등의 피하에 기생하므로써 생기는 피부병이다.

개선증에 걸린 사랑새와 건강한 사랑새를 함께 기르면 이 병은 건강한 사랑새에도 옮아간다. 병에 걸린 새는 곧 다른 새장에 옮기도록 한다.

시판하고 있는 개나 고양이용의 피부병 치료약으로 효과가 있다.

십자매(十姉妹)

십자매에서 즐기는 것
• 자태나 동작을 본다
• 가모로 한다

털색이나 울음소리가 그다지 아름다운 새는 아니지만 튼튼하게 기르기 쉽기 때문에 가정에서 많이 기르고 있는 사육조 중에서는 가장 대중적인 새이다. 날개 색깔은 암갈색, 배에서 허리는 흰색인 참새 정도의 새이다.

이 새의 원종은 중국 남부와 말레이 반도에 걸쳐 분포하고 있는 흰허리금복조(腰白金腹鳥)라 하여 일명, 단특(壇特)이라 불리워진 새로 사육 중에 돌연변이 등에 의해서 온갖 다양한 종류가 작출되었고, 그후 여러 가지로 개량이 진행됨으로써 오늘날의 십자매의 원종이 생겨난 것이다.

십자매는 한자로「十姉妹」라 쓰는데 이 새의 성질이 아주 온순하여 많은 십자매를 한 새장에 함께 길러도사이 좋게 지내는 것이어서 이렇게 명칭한 것이다.

십자매는 새끼를 아주 잘 기른다. 그래서 다른 새의 가모로써 포란, 새끼 키우기로 사용되고 있을 정도이다. 더구나 값이 싸고 튼튼하며 재미가 있다는 3박자가 갖추어진 새이다.

십자매는 다산으로 새끼를 다 키우기전에 산란하는 수도 있다. 그런 때 보통 새들은 새끼를 귀찮아 하여 쫓아내는 수가 많은데, 십자매는 그런 일이 없다. 십자매는 핵가족이 아니라 대가족이므로 그러한 가족 구성을 보는 것도 즐겁다.

십자매의 종류

십자매에는 많은 품종이 있으나 일반적으로 많이 키우고있는것은 보통십자매, 백십자매, 삼색십자매, 도가머리십자매, 작은점십자매 등이다.

● **보통 십자매**

털색은 백, 흑, 다갈색의 3색 얼룩이 있는데 간혹, 바닥색의 흰색이 전혀 없는 것도 있다.

가장 일반적인 것으로써 다른 새의 가모로써 적당하다.

● **작은점 십자매**

전신이 백색이며 등 부분에 비교적 큰 갈색 얼룩이 하나 있어서 잘 돋보인다. 부리의 색깔은 색소가 없고, 살색인 것이 특징이다.

● **백(白) 십자매**

개량을 거듭한 끝에 고정된 온몸이 백색인 고상한 십자매이다. 부리는 핑크색, 눈을 흑색을 띠어서 귀엽다.

● **삼색(三毛) 십자매**

백색 부분이 많지만 군데군데 흑색, 다갈색 또는, 황색의 강한 담갈색이 혼합되어 있다. 바탕색은 흰색으로 밝은 다색과 검은 깃털색이 따로 뚜렷한 것도 있다.

● **도가머리 십자매**

머리 위의 털이 곤두서 있는 특수한

부리에 색소가 없고 살빛깔이 특징이다

작은점 십자매

가장 많은 종류로 가모로 적합하다

보통 십자매

타입이다. 깃털은 백색, 다색인 것 등 여러 가지이다.

● 한줄무늬 십자매

몸 전체는 백색이며 등 중앙 부분을 흑갈색의 깃털이 옆으로 한 줄 선을 긋고 있다.

이것이 두 줄이면 「두줄무늬」,세 줄이면 「세줄무늬」라 한다.

이와 같이 털이 역립(逆立) 돼 있는 십자매들을 총칭하여 병종(柄物) 십자매라 부르며 이밖에 권모(捲毛) 카나리아와 같은 대납언(大納言), 중납언(中納言) 머리 꼭대기에 흑색이나 다색의 원형 반점이 있는 천성(天星), 부사(富士) 등 갖가지 병종이 있다.

백 십자매

도가머리 십자매

십자매 사육에 필요한 것

● 십자매의 새장

십자매 사육은 보통 번식용 새장이나 관상용 쇠줄장을 사용하는데 목적에 따라 선정한다.

가령, 관상만이 목적이라면 잘 들여다 보이는 쇠줄장이 좋으며 번식이 목적이라면 앞면만 트인 나무상자를 쓰도록 한다.

어느 경우에도 내부에 짚으로 만든 둥지를 넣어준다. 십자매는 카나리아와 달라 번식할 때나 잘 때도 이 둥지를 이용한다. 식구가 늘어나면 타원형의 큰 둥지를 마련해 준다.

새장 바닥에는 마른 시세를 까는 것이 이상적인데 신문지 등을 깔아도 된다. 새는 시세를 즐겨 먹는다. 가능하면 조개껍질과 같은 양으로 시세를 섞어주면 건강에도 좋다.

십자매는 비교적 추위에 강한 새이므로 금사에서 사육할 수도 있다.

● 필요한 용구

새장 이외에 모이그릇, 물그릇, 야채꽂이 등과 횃대도 준비한다. 횃대는 1～2 개로 하되 될 수 있는 한 날개를 펴고 날 수 있게 해 준다. 그러기 위해서는 한개의 횃대를 중앙에서 약간 낮게 달아주도록 한다.

● 십자매의 모이

배합사료 십자매의 주식은 피, 조, 수수를 혼합한 배합사료로 새가게에서 팔고 있다. 이들 배합비율은 사랑새와 마찬가지로 피 70%, 조 20%, 수수 10% 정도이다. 수수를 약간 소량으로 줄이고 그 분량만큼 카나리아시드를 넣는 경우도 있다.

엄동기나 번식기 전후에는 식용을 높여주기 위해 배합사료에 카나리아시드를 1～2 할 섞어주면 원기있게 지낼

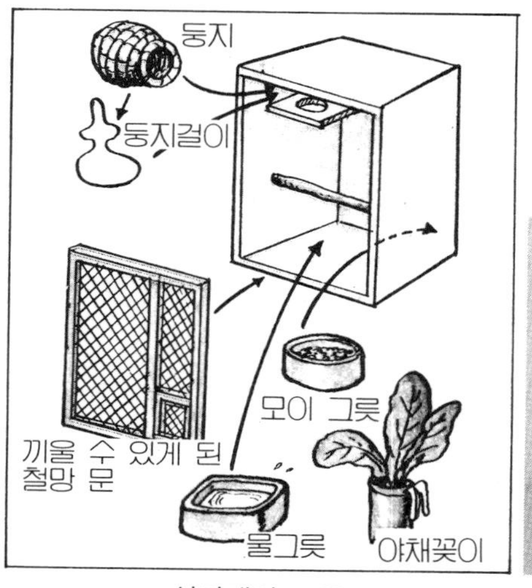

십자매의 조롱

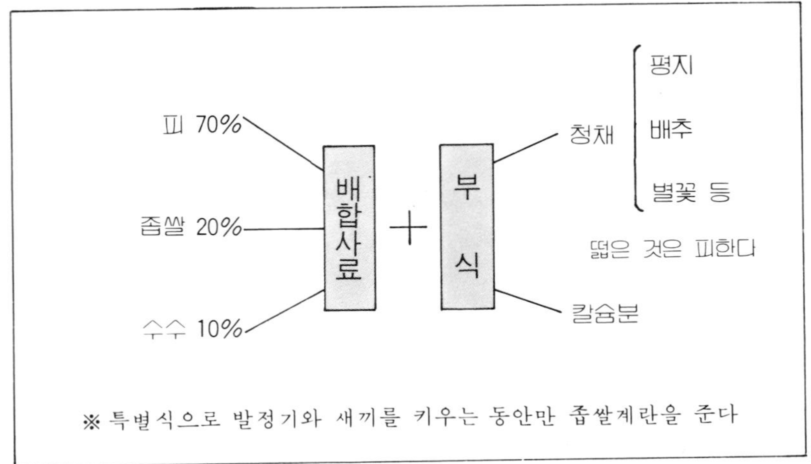

십자매에 매일 주는 모이

수 있게 된다.

푸른 야채, 기타 푸른 야채는 유채를 비롯하여 배추잎, 산동채, 오이 등 어느 것이든 잘 먹는다. 그러나 시금치와 같은 떫은 맛이 있는 야채류는 먹이지 않도록 한다.

보레이가루는 한 번에 많이 먹이면 안 되지만 1년 중 늘 주도록 한다. 또 발정을 촉진시키는 모이로 좁쌀계란이 있다. 좁쌀계란은 번식에 앞서 새끼가 부화하여 둥지떠남을 할 때까지만 급여한다.

십자매의 사육관리

● 매일의 관리

십자매는 튼튼한 새로 초심자라도 키우기 쉽다.

모이 주는 법 십자매는 피, 조 등의 껍질을 벗기고 알곡을 먹는다. 하

모이를 쪼아먹는 십자매

루 한 번 모이그릇을 꺼내어 입으로 불어 껍질을 제거하고 새 모이를 보충해 준다.

물은 항상 깨끗한 것을 주도록 한다. 매일 아침 용기를 깨끗이 씻어 신선한 물을 갈아준다.

푸른 야채, 조개가루 등도 넣어준다. 푸른 야채는 변비를 잘 촉진하는 섬유가 많이 함유돼 있다. 보레이가루는 칼

모 이	껍질을 입으로 불어 제거하고 새 모이를 보충해 준다
물 갈 이	매일 아침 용기를 씻고, 신선한 물로 바꾸어 준다
청 소	2～3일에 1회 청소한다
열 탕 소 독	1～2개월에 1회, 번식을 끝낸 후에도
수 욕	오전 중에 수욕을 시킨 후 일광욕을
일 광 욕	하루에 2～3시간 정도. 여름의 직사광선은 피한다

십자매의 매일의 관리

슙원으로서 알의 껍질이나 새끼의 뼈를 튼튼하게 한다. 어느것이나 산란, 새끼를 품는 시기에는 특히 필요하다.

청소 조롱의 청소는 2～3일에한 번 하면 충분하다. 그러나 한 새장에 여러 마리의 십자매가 있는 경우에는 더러움이 심하므로 매일 또는, 하루 걸러 청소를 한다.

새장 바닥에 신문지를 깔아두면 편리하다. 청소는 신문지를 깔아주면 끝난다. 이러한 청소 외에 1개월에 한 번 정도 조롱을 물로 씻고 가능하면 열탕소독을 한다.

수욕, 일광욕 십자매는 사랑새에 비해 수욕을 아주 좋아하는 새이다. 물을 갈아주면 저녁에는 수욕을 하는데 수욕은 되도록 오전 중에 시키도록 한다. 수욕을 시키고, 털이나 조롱 속이 건조되도록 30분～1시간 정도 일광욕을 시켜야 하기 때문이다.

※

일광욕은 여름철 더울 때는 햇살이 약한 9시경까지로 하고, 한낮의 더운 직사일광은 피한다.

● 계절의 관리

십자매는 비교적 튼튼한 새이지만 다음과 같은 점에 주의한다.

장마철 장마철에는 조롱, 그밖의 용기도 불결해지기 쉽다. 청소를 깨끗이 해서 늘 청결하게 한다. 둥지는 1년 중 넣어두므로 똥으로 더러워지는 것에 특히 유념한다.

여름 여름 한철은 한낮의 뜨거운 직사일광에 쪼이지 않도록 하며 통풍이 좋은 서늘한 장소를 선정하도록 한다.

장마철부터 여름의 관리	• 청소를 잘 해주어 언제나 청결하게 한다 • 직사일광을 피한다 • 서늘한 장소에 둔다
가을부터 겨울의 관리	• 지방분이 많은 모이를 준다 • 낮과 밤의 온도차가 적은 장소에 둔다 • 북풍을 막아준다

십자매의 계절의 관리

가을～겨울 가을부터 겨울에 걸쳐 추워지면 지방분이 많은 카나리아시드 등을 조금 많이 준다. 또 낮과 밤의 온도차가 적은 장소에 놓도록 한다.

금사에서의 사육인 경우 중선 이남 지방의 겨울이라면 특별한 보온은 필요없다. 단, 추운 북풍이 불어닥치지 않도록 방풍을 해 주도록 한다.

십자매의 번식법

십자매의 번식은 그다지 어려울 것이 없다. 번식에는 번식용 새장을 사용하지만 쇠줄장으로도 충분히 번식시킬 수 있다.

● 산란까지의 관리

십자매는 연중 내내 번식한다. 우선 금실이 좋은 자웅에 발정을 촉진시키기 위해 좁쌀계란을 준다. 암컷이 둥지 안을 들락날락 하게 되면 교미가 끝난 상태이다. 이 때 바닥에 깔아놓은 신문지 따위를 입에 물고 들어간다면 틀림이 없다.

이럴 때 둥지 풀의 재료를 철망에 묶어 놓으면 하나 하나 날라다가 쿠션을 만든다. 둥지 풀은 새가게에서 판다.

둥지 만들기는 자웅이 함께 하여 2～3일 이내에는 완성한다.

십자매의 경우 둥지가 1년 중 조롱 안에 있어 번식시키기 위해 새로운 둥지를 넣을 필요가 없다.

● 산란 후의 관리

쿠션이 안정되면 산란하기 시작한다.

십자매의 1회의 산란 수는 새에 따라 다소 다르지만 대체로 4～5개 정

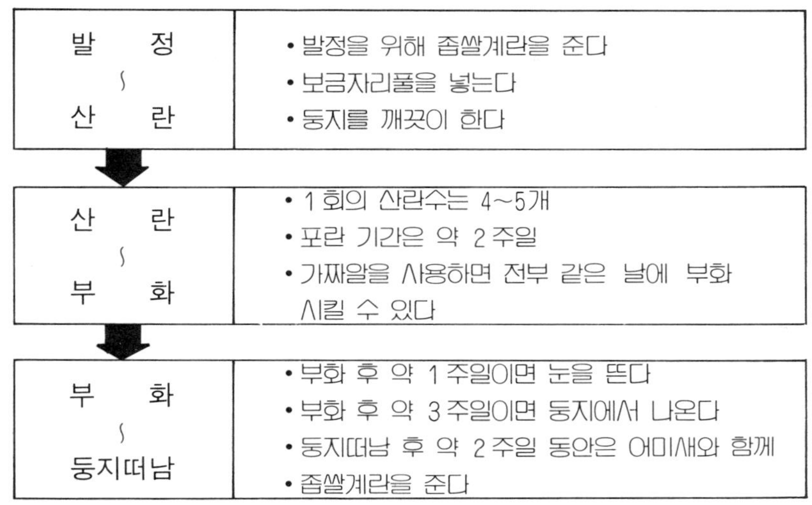

십자매의 번식법

도이다. 알은 매일 1 개씩 이른 아침에 낳는다.

알이 4 개 정도가 되면 포란을 하기 시작하는데 포란을 시작하고도 산란하는 수도 있으므로 알이 부화하는 날짜가 같지 않을 수도 있다. 십자매의 포란기간은 대체로 2 주일 정도이다.

알을 전부 같은 날에 부화시키려면 산란한 알을 곧 둥지에서 꺼내고 대신 가짜알(擬卵)을 넣는다. 그리고 4 ~ 5 개 산란하면 꺼내두었던 알을 전부 함께 둥지에 넣어 포란시키도록 하면 된다.

● 부화 후의 관리

2 주일쯤 되어서 부화 된 새끼는 붉은 살덩이로 입만 돋보인다. 아직 눈도 뜨지 못하나 1 주일 되면 뜬다. 그 후 2 주일(부화 후 3 주일) 째에는 둥지에서 아장아장 걸어 나오려고 한다.

이 무렵에 흔히 둥지에서 떨어진 채로 있다가 밤에 체온이 떨어져서 죽거나, 물그릇에 떨어져 죽는 수가 있으므로 잘 살펴 보아야 한다.

새끼를 어미에서 떼는 것는 둥지떠남을 하고 2 주일 쯤이다. 이 무렵이 되면 새끼는 어미새로부터 모이를 받

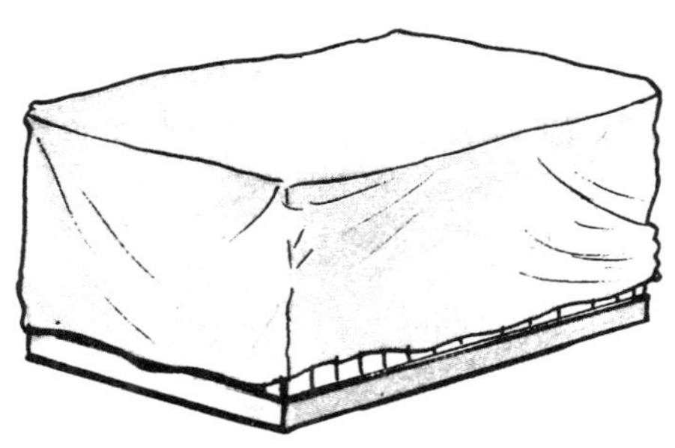

번식 때는 조롱을 어둡게 한다

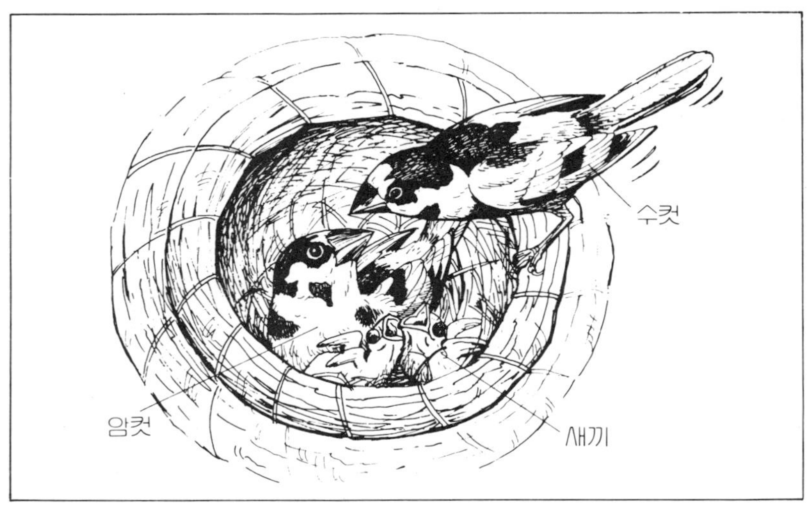

어미새는 교대로 새끼를 따뜻이 보호하며, 모이를 날라온다

아먹지 않고 스스로 먹기 시작한다.

새끼에 좁쌀계란과 같은 보육모이를 먹이도록 한다. 물론 보통모이도 충분히 넣어주고 신선한 물, 청채, 조개가

건 강 체 크	• 우충(羽虫) 등 외부 기생충의 유무 • 다른 병에 걸려있지 않을 것
가장 적당한 새	• 자기의 알을 2～3 회 포란하여 부화시킨 경험이 있는 것
사용하는 시 기	• 가모로써 포란시킬 시기에 산란한 것

가모(假母)의 조건

루 종합 비타민 배합의 영양제를 음료수 속에 적당량을 넣어두면 영양이 치우치지 않는다.

● 자웅의 식별법

십자매의 자웅은 행동이나 울음소리에서 식별할 수가 있다.

행동에서 자웅을 식별하는 경우, 수놈은 꼬리를 세워 몸을 민첩하게 좌우로 움직이는데 반해 암놈은 별로 꼬리를 세우지 않으며 움직임도 민첩하지 않다.

울음소리로 자웅을 식별하는 경우, 우선 성별을 살피려는 십자매를 간막이 조롱 속에 따로 넣어 조금 떨어진 곳에 놓는다. 잠시 지나면 십자매는 서로 불러댄다.

이때 꼬리를 세우고 몸을 좌우로 흔들면서 「삐리, 삐리리」 높은 소리로

포란 중에는 안정시켜 조롱을 움직이거나 들여다 보면 안 된다

포란 중의 어미새

우는 것이 수놈이다. 암놈은 「쮸르, 쮸르르」 낮은 소리로 운다. 또 수놈은 몸을 부풀리고 지저귄다.

가모(假母)로서의 십자매

양조에는 알은 낳지만 포란, 새끼키우기를 하지 않는 새가 적지 않다. 그래서 포란, 새끼키우기를 잘 하는 십자매는 다른 새의 알을 가모로서 포란, 부화시켜 번식을 꾀한다.

우선, 가모로 하려면 건강해야 한다. 어미새의 깃털 따위에 외부 기생충이 기생하고 있으면 부화된 새끼에도 기생하여 그 때문에 새끼가 죽는 경우가 있다. 또 가모로서 사용하려면 자기의 알을 2～3회 정도 포란, 부화한 적이 있는 새가 안심이 된다.

가모로서 사용되는 것은 산란했을경우 뿐이므로 2～3쌍의 십자매를 사육하여, 번식의 시기에 간격을 두어야 어야 한다.

부화 후 5일째의 새끼

깃털이 생긴 새끼

원 포인트 어드바이스

질문 십자매를 2년 정도 기르고 있다. 금년 봄 두 번 알을 낳았는데 그후에도 자주 계속 낳는다. 더구나 껍질이 부드러운 것을 낳는데 이렇게 낳아도 괜찮은 것인지.

해답 십자매는 매우 번식력이 강한, 더구나 새끼를 잘 키우는 새이다. 그러나 그것이 오히려 불행하게도 그러한 결과를 가져오는 것이다.

알을 많이 낳으면 체내의 칼슘분이 부족해져 부드러운 알을 낳게 되는 것이다.

그러한 경우 산란을 중지시키기 위해 암·수놈을 잠시 따로따로 키워 암놈에 칼슘분이 많이 함유된 보레이가루 등을 충분히 주도록 한다. 그리고 비타민 D 등도 급여하도록 한다.

질문 카나리아를 기르고 있다. 지난 번에 알을 낳았는데 잘 품지 않으므로 십자매를 가모로 하여 품도록 생각하고 있다. 그 방법은?

해답 이상적으로는 카나리아가 산란했을 때에 십자매도 산란하여 포란시키도록 해야 한다. 따라서 가모용의 십자매를 2~3쌍 사육해 두면 그중 어느 것이 둥지를 차지한다.

십자매는 새끼를 기르고 있어도 알이 있으면 포란하므로 카나리아의 알을 십자매의 둥지 속에 넣으면 된다.

십자매가 한쌍밖에 없어도, 미리 가짜알을 넣어 두면 둥지에 들어가 있으므로, 가짜알과 카나리아의 알을 바꿔서 넣으면 된다.

문조(文鳥)

문조에서 즐기는 것
• 자태나 동작을 본다
• 손노리개로 한다

문조의 원산지는 쟈바, 스마트라, 보르네오 등으로 원산지에서는 벼이삭을 먹어 해치는 해충조라고 일컬어 왔으나 사람에게 길들여진다는 데서 중국을 거쳐 우리 나라에도 도입되었다.

문조는 사람에 잘 길들여지므로 손노리개 문조로서 인기있는 새이다.

문조의 종류

문조에는 보통문조, 백문조, 벗꽃 등이 있다.

● 보통 문조

보통문조는 원산지인 쟈바,스마트라 등에서 야생 생활하는 새이다. 백문조, 벗꽃문조는 이 보통문조에서 품종 개량으로 작출된 것이다.

보통문조는 번식에 별로 좋지 않다. 원산지에서 야생의 것을 잡아 그대로 수입해 오는 이른바 수입문조는 새조롱에 익숙하지 못한 것이 한 원인이라 생각된다.

● 백(白) 문조 문조

백문조(또는 흰문조)는 전신이 순백이며, 부리가 광택이 있고 분홍색을 하고 있는 아름답고 기품이 있어서 많은 사람에게 귀여움을 받고 있는 개량

보통 문조

품종이다.

깃털색깔은 전신이 순백인데 새끼 때는 전신이 엷은 다색 또는 회색이며 등은 잿빛 흑색의 깃털이 있다. 전신이 백색으로 변하는 것은 2년째 털갈이 때부터이다.

●벚꽃 문조

깃털의 색깔은 보통문조와 비슷하나

많이 사육하고 있는 풍종으로 손노리개에 적합하다
벚꽃 문조

전신이 백색이며 부리가 광택이 있는 홍색이다
백(白) 문조

머리 부분이 흑색인 곳, 흉부 등에 하얀줄이 있다.

벚꽃문조는 보통문조와 백문조를 교배한 것으로 전자의 깃털에 흰 깃털이 생겨난 것이다. 그리고 이 흰색이 엷게 나타나는 것을 우량으로 친다.

벚꽃문조는 보통문조나 백문조에 비해 새끼가 튼튼하게 자라며 번식의 성적이 좋으므로 증식 전문가는 이 교배를 많이 한다.

문조 사육에 필요한 것

● 문조의 새장

십자매와 원칙적으로 마찬가지이지만 문조 쪽이 체격이 한 둘레 더 크므로 새장도 좀더 큰 것을 준비한다.

관상만이 목적이라면 쇠줄장을 마련하며, 번식이 목적이라면 역시 앞만 트인 상자를 사용한다.

금사에서의 사육일 경우에는 사랑새 등과 함께 기를 수가 있다.

● 필요한 용구

용기 상자 새장으로 사육하는 경우는 모이그릇과 물그릇 등으로 사기그릇제의 타원형 용기가 시판되고 있다.

문조는 수욕을 좋아하므로 물그릇은 수욕하기 편하게 대형의 것을 사용한다.

관상용의 쇠줄장에는 모이그릇, 물그릇이 부착돼 있지만 문조가 수용하기에는 적으므로 사기그릇제의 큰 것을 사용한다.

보통 문조

둥지 문조의 번식에 쓰이는 둥지는 문조용의 상자둥지와 짚으로 만든 항아리 둥지가 있는데 어느 것에서나 번식한다.

상자둥지 속에 간막이를 한 칸에는 짚으로 만든 접시둥지를 넣어준다. 항아리둥지는 외부에서 속이 들여다보이지 않는 각도로 넣어둔다.

문조의 철사조롱

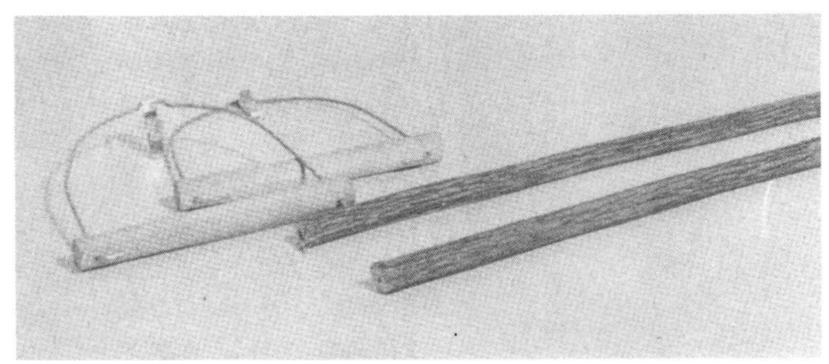

문조의 횃대

● 문조의 모이

배합사료 문조의 주식은 사랑새나 십자매와 마찬가지로 피, 조, 수수 등을 혼합한 배합사료로 새가게에서 팔고 있다.

푸른 야채 푸성귀는 유채, 배추잎, 산동채, 오이 등 어느 것이든 상관 없으나 시금치와 같은 떫은 맛이 강한 것은 주지 않는다.

보레이가루 또 보레이가루는 늘 준다. 번식에 앞서 또는 새끼를 키울 때 조개껍질을 잊지 말고 주어 칼슘분의 보급을 게을리 하지 않는다.

좁쌀계란 좁쌀계란은 발정을 촉진시키며 귀중한 단백질이 많아 새끼의 성장에 없어서는 안 된다.

포란 중에 어미새에는 좁쌀계란을 주면 안된다. 포란 중에 좁쌀계란을 주면 수놈은 다시 발정하여 암놈을 쫓아다니게 된다.

그러면 암놈은 침착하게 포란할 수가 없으므로 결국 번식이 제대로 되지 않는다.

문조에 알맞는 모이상자

문조의 사육관리

● 매일의 관리

모이 주는 법 문조도 조나 피 등의 껍질을 까서 알맹이만 먹는다.

따라서 하루 한 번은 반드시 이 껍질을 제거해 준다.

껍질을 제거할 때 쓰레받기를 사용

하면 편리하다. 먹다 남은 모이를 쓰레받기에 담아 가볍게 흔들면서 입으로 불어 껍질을 날려보낸다. 이렇게 껍질을 제거하고 새 모이를 보충한다.

물그릇의 물은 속에 똥이 들어가 더러워지므로 매일 아침 신선한 물로 갈아준다.

새는 아침일찍 일어나기 때문에 모이나 물은 되도록 이른 아침에 갈아 준다.

청소 조롱의 청소는 한쌍의 새일 경우는 2～3 일에 1회로 충분하다.

많은 새를 함께 기르는 경우는 더러움이 심하므로 청소는 매일 또는 하루 걸러 한다.

1개월에 한 번 정도는 조롱을 물로 씻는다. 보통 청소 때 미쳐 손이 안 가는 횃대등도 깨끗이 청소한다.

세척한 후에는 열탕을 부어 소독한다.

수욕, 일광욕 문조는 수욕을 좋아하는 새이다. 신선한 물로 갈아주면 곧 수욕을 시작한다. 새장도 건조시키고, 일광욕도 시키기 위해서 하루에 2～3시간 햇볕이 드는 장소에 새장을 놓도록 한다.

● 계절의 관리

봄 봄에는 대부분의 새가 번식을 하는 계절인데, 문조는 가을에 번식하므로 특히 주의할 것이 없다.

장마철 장마철에는 새나 용기가 불결해지기 쉽다. 보통은 2～3일에 한 번하는 조롱의 청소인 경우라도 이 시기에는 매일 또는 하루 걸러 하도록 하며, 모이그릇, 야채 꽂이, 횃대 등도 온도가 높아 불결해지기 쉬우므로 바람이 통하는 건조한 곳에 둔다.

여름～가을 여름 한낮의 강한 직사일광을 피하며, 모기가 많은 지방에서는 밤에 방충망 등으로 덮어주도록 한다.

가을은 다른 새와 달라 문조에 있어서는 번식의 계절이다. 9월에 접어들면 번식의 준비를 한다.

발정을 촉진시키기 위해 보통의 모이 외에 좁쌀관란을 준다. 또 칼슘분도 보충시킨다.

번식전과 번식이 끝나고 새끼도 둥지떠남을 하면 그 후 다시 열탕 소독해 둔다.

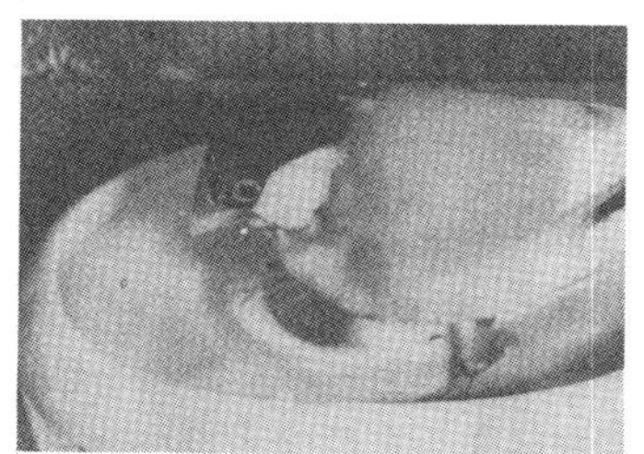

문조의 수욕

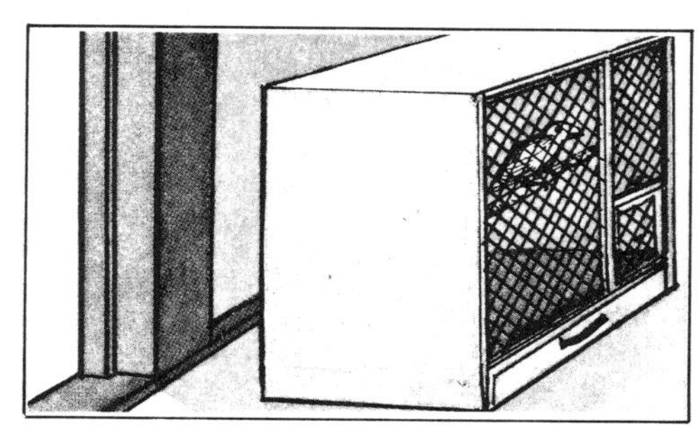

환우기에는 되도록 어두운 데 둔다

모 이	껍질을 입으로 불어 제거하고 새 모이를 보충해 준다
물 갈 이	매일 아침 용기를 씻고 신선한 물로 바꾸어 준다
청 소	2~3일에 1회 청소한다
열탕소독	1~2개월에 1회. 번식을 끝낸 후에도
수 욕	오전 중에 수욕을 시킨 후 일광욕을
일 광 욕	하루에 2~3시간 정도 여름의 직사광선은 피한다

문조의 매일의 관리

겨울 겨울에 주의할 것은 온도이다. 문조는 비교적 추위에 강한 새지만 하루 중 온도가 급격히 변동되면 사망하는 수가 있다.

겨울철에 금사에 넣는 경우는 신중을 기해야 한다. 지금까지 따뜻한 실내에서 기르고 있던 새를 갑자기 추운 금사에 넣으면 그 때문에 사망하는 수가 있다.

따뜻한 실내에서 기르던 새를 부득이 금사에 넣어야 할 때는 다음과 같은 점을 주의한다.

우선, 따뜻한 실내로부터 온도차가 없는 추운 방으로 새를 옮긴다. 그리고 카나리아시드나 좁쌀계란 등을 많이 주어 추위에 견디도록 체력을 보강시킨다.

건강한 것을 확인하고 금사에 조롱채 넣어, 2~3일은 그냥 두었다가 조롱에서 나오게 한다.

장마철의 관리	• 청소를 잘 해주어 언제나 청결하게 한다 • 통풍이 좋은 건조한 장소에 둔다
여름의 관리	• 직사일광을 피한다 • 통풍이 좋은 서늘한 곳에 둔다 • 모기에 물리지 않도록 한다
가을의 관리	• 번식시킨다
겨울의 관리	• 지방분이 많은 모이를 준다 • 낮과 밤의 온도차가 적은 장소에 둔다 • 북풍을 막아준다

문조의 계절의 관리

문조의 번식법

문조를 번식시킬 때는 보통 앞이 트인 상자 새장을 사용한다. 상자 새장의 크기는 카나리아에 쓰이는 중형 이상의 것을 사용한다. 길이 잘 든 새는 쇠줄장에서도 번식한다. 카나리아, 사랑새는 3～5월에 걸쳐 번식하는데 문조는 9～10월경에 번식한다.

● 산란까지의 관리

우선 9월에 중순에 지나면 어미새의 발정을 촉진시키기 위해 평소 주고 있는 모이 외에 좁쌀계란과 칼슘분을 주도록 한다. 문조의 수놈은 발정하면 횃대 위에서 암놈에 대해 지저귀면서 암컷을 뒤쫓으며 구애를 한다. 이러한 동작이 보이게 되면 번식용 조롱 안에 문조용의 둥지상자 또는, 짚으로 된 큼직한 항아리 둥지를 넣는다.

한편, 암컷은 둥지 만들기를 시작하므로 보금자리 재료를 철망에 매어 놓는다.

보금자리 재료를 수놈, 암놈이 공동으로 둥지 안에 물어들여 2～3일이면 보금자리를 완성하고 서둘러서 산란하기 시작한다.

● 산란, 부화 후의 관리

문조의 산란 수는 4～6개이다. 매일 1개씩 낳으며 제4란을 낳고는 포란을 시작한다. 포란기간은 16일 전후이다. 부화되면 암컷은 둥지에서 나와 모이를 자주 먹게 된다. 모이는 보통모이와 발정모이 2가지를 넣어준다.

부화된 새끼는 1주일 쯤에서 털이 생기며 눈도 뜨게 된다. 새끼가 어미

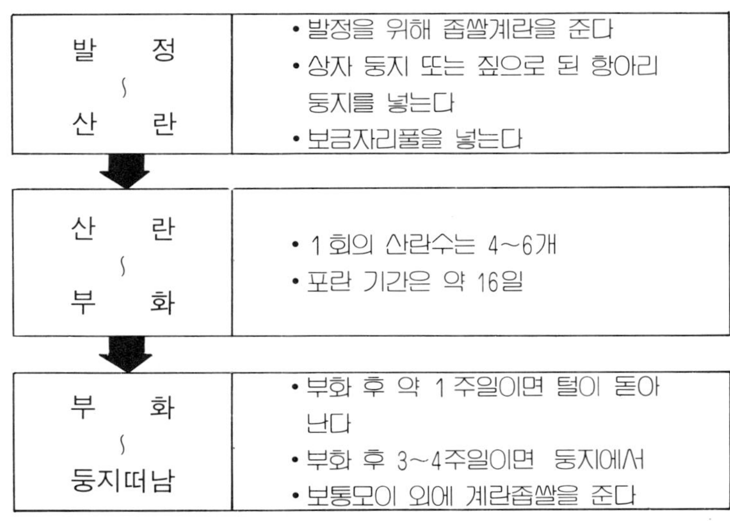

문조의 번식 중의 모이 주는 법

에게서 모이를 받아 먹기 시작하는 것은 부화 2~3일 후부터이며 이동안의 새끼는 영양분을 지니고 있으므로 염려할 것이 없다. 새끼는 3~4주일이면 둥지에서 밖으로 나오기 시작한다.

둥지 밑으로 떨어져 되돌아가지 못하는 것은 도로 넣어준다. 40일쯤 지나면 새끼는 자립할 수 있게 되므로 어미와 떼어놓아도 염려 없다.

● 어미새 고르는 법

근친(자모, 형제 등) 교배는 피해야 한다. 또 나이를 먹거나 낳은 알을 먹어치우는 새는 번식이 잘 되지 않는다. 문조는 좋고, 싫음을 분명히 가리는 새이므로 서로가 사이가 좋은 것을 찾아내도록 한다.

우선 처음에는 좋은 자웅의 한쌍을 고르도록 한다. 인간이 강제적으로 짝지어 놓은 커플이라면 싸움이나 혹은, 어떤 놈은 서로 죽이는 것도 있다.

● 자웅 식별법

문조의 자웅을 식별하려면 부리와 눈 주위를 본다. 수컷의 부리는 굵고 구부러진 부분이 몹시 올라오고 부리의 붉은 기도 상당히 짙은데 비하여 암컷의 경우는 수컷에 비하여 약간 가늘고 길며, 적고 붉은 색도 약간 연한 느낌을 준다.

또 수컷의 눈 주위는 붉은 색이며 완전히 고리로 돼 있는데 암컷은 주위의 붉은 색이 수컷에 비해 연하며 어느 한 군데가 잘려 있어 완전한 고리로 되어 있지가 않다.

그러나 식별법은 어미새라 별로 큰 차이가 없어 어렵다. 실제는 자세한

문조의 자웅 식별법

관찰로서도 알 수가 있는데 이는 수컷은 적극적으로 행동하며 왕성하게 암컷에게 모션을 보내어 횃대 위에서 높은 소리로 지저귀며 마치 댄스를 하듯 몸을 날아올리거나 다가가거나 하는 것이 특징이다.

손노리개 문조로 기르는 법

손노리개의 조건 부화 후 15일째 정도의 새를 택할 것이며, 발육이 좋고 입을 벌려 모이를 왕성하게 받아먹는 것이 적합하다.

부화 후 15일째, 늦어도 20일째 까지의 새끼를 둥지에서 꺼내어 뚜껑있는 둥지에 옮긴다. 전문가라면 몰라도 초심자는 마리 수를 2~3마리 정도로 길들이는 것이 알맞다.

모이를 만드는 법, 주는 법 새끼에 주는 모이는 껍질을 벗긴 조(粟)를 준다. 이것을 우선 작은 남비에 넣고 더운물에 10분쯤 삶는다. 한참 식혀서 따뜻하게 느껴질 정도에서 주면 좋다.

새끼에 먹이는 모이는 조가 주식이므로 역시 껍질을 벗긴 조와 여기에 푸성귀를 함께 절구에서 잘 갈아 물과 칼슘분(말린 붕어가루 등)을 조금 넣은 반죽사료도 좋다.

이러한 모이를 막대, 주걱 스포이트식 등의 급이기로 몇 번이고 새가 먹지 않을 때까지 먹인다. 배가 고픈 새끼는 입을 벌리며 빨리 먹여달라고 재촉한다.

모이를 주는 시간은 아침 6시쯤부터 저녁 6시쯤 사이에 1시간마다 준다. 새끼의 성장에 맞추어 모이를 주는 간격을 조금씩 길게 한다.

어미새에서 떨어져 10일이 지나면

손노리개 문조

※ 새끼가 어미새에 낯익기 전에 인공사육을 시작해야 한다

문조는 손노리개로 길들일 수 있다

모이 먹이는 방법

새끼는 털이 나기 시작하므로 별로 보온을 하지 않아도 된다. 이 무렵이 되면 한낮에는 됫박조롱 등에 넣어두며 야간에만 뚜껑있는 둥지에 넣도록 한다.

이 시기에는 조롱 바닥에 떨어진 모이를 주워먹게 된다. 새끼용으로 만든 모이를 좀 얕은 용기에 넣어 주걱을 모이 용기에 꽂아둔다. 그러면 새끼는 주걱을 갖고 놀면서 용기 안의 모이를 먹게 된다. 그러나 혼자서 먹는 모이의 양으로는 부족하므로 하루 몇 번은 주걱으로 모이를 먹여준다. 이렇게하면 차츰 자기가 모이를 먹게 된다.

보다 좋게 길들이려면 되도록 사람에게 접하는 시간을 오래 갖도록 한다. 모이를 먹일 때는 손바닥 위에 올려놓고 주도록 하며, 다른 때도 조롱에서 내놓고 같이 놀아 주도록 한다.

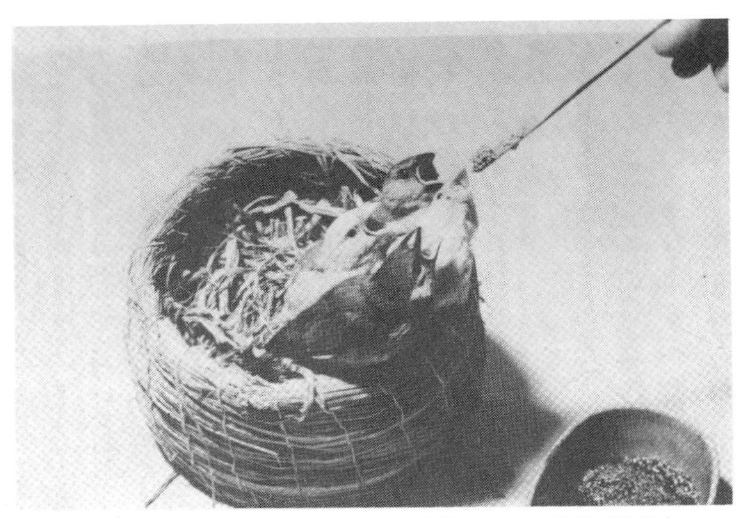

새끼의 부리를 주걱으로 가볍게 쿡쿡 찌르면 입을 벌린다

호금조(胡錦鳥)

호금조에서 즐기는 것
• 자태나 동작을 본다

호금조는 오스트레일리아 북부에서 서북부가 원산으로 금복과(金腹科)에 속하는 새이다. 십자매를 가모로 하여 번식시킬 수 있다.

호금조는 추위에 약한 새인데 이전에는 겨울에 낙조(落鳥)하는 것이 많았으나 어느 정도 추위에 강해진 우리나라에서 번식된 것은 튼튼하고 기르기가 쉽다.

호금조의 종류

사육조 중에서 가장 아름다운 새 중의 하나로 마치 컬러 견본과 같다. 호금조는 적색호금조, 흑색호금조, 황호금조의 3품종이 있으나 동일 종류의 색 변화이다.

● 적색(赤) 호금조

암컷의 털색은 복부는 황색, 흉부는 보라색이다. 등은 녹색, 첫째 날개는 흑색이며 목에는 흑색 고리가 있고 머리부위에서 볼에 걸쳐 적색이다.

암컷은 수컷에 비하여 전체적으로 색이 연하고 특히 흉부의 보라색, 복부의 황색은 더 엷은색이다.

흑(黑) 호금조
적(赤) 호금조

● 흑(黑) 호금조

털색은 대체로 적호금조와 같으나 머리 부위가 흑색인 것이 다르다. 암컷·수컷의 털색 차이도 역시 암컷이 연한 색을 하고 있다.

● 황(黃) 호금조

털색이 대체로 다른 호금조와 같으나 머리 부위가 적색을 띤 황색 이른바, 황금색이다. 수놈과 암놈의 털색 차이는 적색호금도 마찬가지이다.

호금조 사육에 필요한 것

● 호금조의 새장

호금조를 기르는 새장은 보통 중형의 번식용 나무새장을 사용한다.

황 호금조

호금조는 털색이 아름다워 새를 보고 즐기는 것이 목적이므로 새장은 밝고 관상하기 좋은 장소에 놓는다.

호금조는 더운 여름에는 금사에서 기를 수 있으나 추위에 약한 새이므로 가을이 되면 나무새장에 옮겨 추운 겨울을 지내게 해야 한다.

● 필요한 용구

호금조를 기르기 위한 용구는 문조나 십자매 사육에 쓰이는 용기나 횃대가 필요한데 다만, 번식용에 쓰이는 둥지는 십자매 등에 쓰이는 둥지와 달라, 짚으로 만든 프라스코형을 사용한다.

호금조는 자기가 포란, 부화하지 못하므로 채란용의 스푼을 준비해 두면 편리하다.

● 호금조의 모이

호금조의 모이는 십자매와 같다. 가모인 십자매가 새끼를 키울 때도 새끼의 발육을 촉진시키기 위해 좁쌀계란이 필요하다.

호금조의 사육관리

호금조에 적합한 모이그릇

● 매일의 관리와 계절의 관리

모이 주는 법, 청소, 수욕～일광욕 등 십자매, 문조 사육에서의 관리와 대체로 같다.

호금조의 번식법

호금조의 번식은 가을에 한다. 호금

모 이	껍질을 불어 제거하고, 새 모이를 보충해 준다
물 갈 이	매일 아침 용기를 씻고, 신선한 물로 바꾸어 준다
열탕소독	2～3일에 1회
수 욕	1～2개월에 1회. 번식을 끝낸 후에도
일 광 욕	수욕 후 1시간. 여름의 직사광선을 피한다

호금조의 매일의 관리

장마철의 관리	• 청소를 잘 해주어 언제나 청결하게 한다 • 통풍이 좋은 건조한 장소에 둔다
여름의 관리	• 직사일광을 피한다 • 통풍이 좋은 서늘한 곳에 둔다 • 모기에 물리지 않도록 한다
가을의 관리	• 번식시킨다
겨울의 관리	• 지방분이 많은 모이를 준다 • 낮과 밤의 온도차가 적은 장소에 둔다 • 북풍을 막아준다

호금조의 계절의 관리

조는 산란할 뿐 포란, 부화를 못하므로 가모로 십자매를 사용하여 번식시킨다.

● 산란까지의 관리

둥지는 짚으로 된 프라스코형을 사용한다. 호금조는 둥지 안에서 교미하므로 둥지 안이 약간 넓게 만들어져 있다.

8월 중순경에 어미새에 발정을 촉진시키기 위해 좁쌀계란을 준다. 자웅이 충분히 발정하면 교미를 한다.

암·수의 발정이 맞지 않아 수놈이 암놈을 귀찮게 굴거나 암놈이 무정란을 낳는 경우, 한동안 암·수를 따로 키워 발정을 조절한다.

● 산란 후의 관리

산란은 교미가 끝나면 1주일쯤부터 시작 보통 매일 1개씩 낳으며 1회의 산란수는 5～6개이다.

호금조는 포란을 하지 않으므로 산란기 중에 몇 차례 거듭 산란시킬 수가 있다. 1회의 산란에서 다음 산란까지의 간격은 1주일 정도이다.

호금조의 산란기는 9～11월경이므로 산란을 잘 시키면 50～60개의 알을 낳게 할 수도 있다.

호금조의 1회의 산란수는 5～6개인데 가모인 십자매가 포란할 수 있는 것은 4개 정도이다. 그래서 한 산란기에 호금조가 알을 전부 부화시키려면 몇 10쌍의 십자매의 가모가 필요하게 된다.

● 부화 후의 관리

가모에 포란시킨 호금조의 알은 포란을 시작한 후 2주일쯤이면 부화된다.

부화된 새끼는 3주일쯤이면 둥지떠남을 한다. 둥지에서 나와도 한동안은

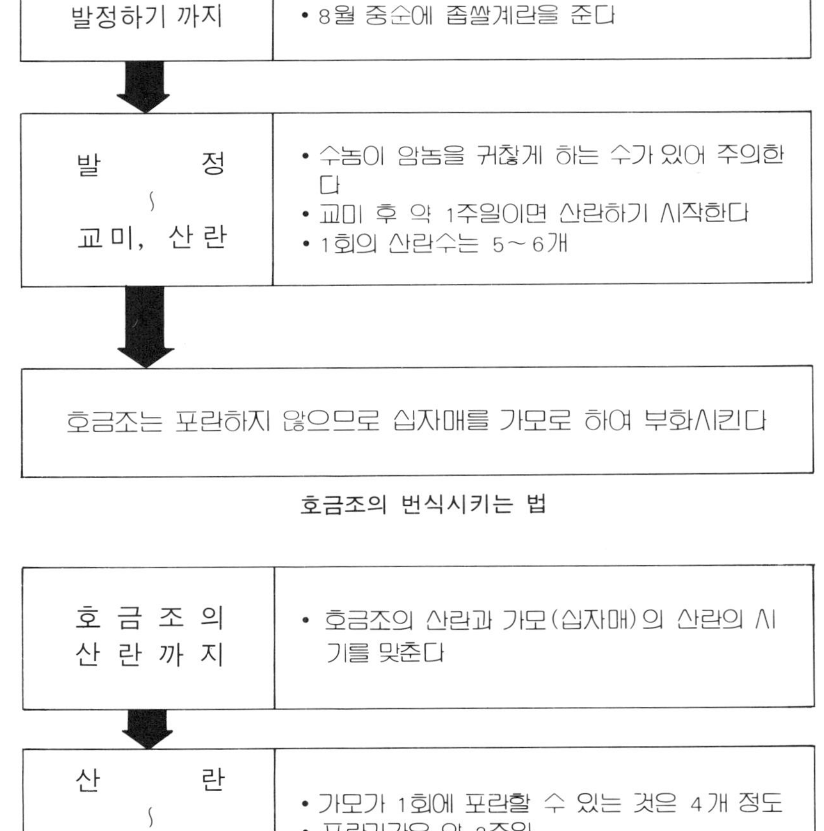

호금조의 번식시키는 법

십자매를 가모로하여 부화시키는 법

가모로부터 모이를 받아먹는데 1 주일 쯤 지나면 차츰 혼자서 먹게 된다. 이 시기에는 보통 모이 외에 좁쌀 계란, 칼슘분을 주도록 한다.

● 어미새 고르는 법

호금조의 어미새를 고를 때는 물론 금실이 좋아야 하지만 건강한 젊은 새를 고른다. 또 근친교배는 피해야 한다. 산란한 알을 먹어치우는 나쁜 버릇의 새도 피해야 한다.

● 자웅 식별법

호금조의 수놈은 흉부의 보라색과 복부의 짙는 황색의 사이가 뚜렷한데 비해 암놈은 이부분이 흐릿하며 엷은 보라색이다. 그래서 호금조의 자웅은 털색의 차이로 간단히 식별할 수가 있다.

이 호금조의 자웅 식별법은 적호금조, 흑호금조, 황호금조 등을 식별할 때도 마찬가지이다.

호금조의 자웅 식별법

원 포인트 어드바이스

※ 새의 체중을 재는 법

우리들은 목욕 후에 흔히 헬즈미터로 자기의 체중을 재보는 경우가 있다.

그런데 새는 폭신한 털로 몸을 감싸고 있어 겉으로 보기에는 살이 쩌있는지 야위었는지를 얼른 알 수가 없다. 새를 잡아 흉부의 근육 상태를 보면 새의 영양 상태를 알 수 있으나, 체중을 재어보면 더욱 확실해진다.

새를 다른 조롱에 옮겨 조롱 채 얹어 달거나 새를 양말에 넣으면 간단히 체중을 달 수 있다.

새는 체중이 가벼워 그 증감을 알기 어려우나 정기적으로 체중을 달면 새에 있어서 건강의 바로미터가 되리라 생각된다.

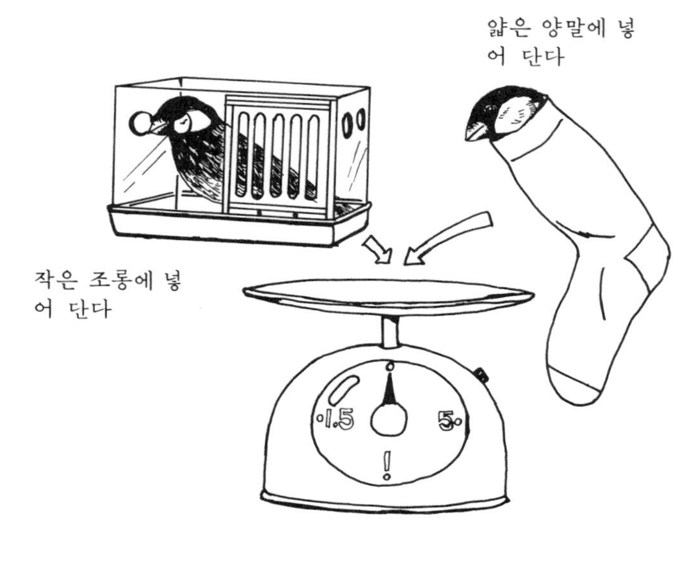

금정조(錦靜鳥)

금정조에서 즐기는 것
- 자태나 동작을 본다
- 울음소리로 즐긴다

호주산의 3대 미조(美鳥) 중 두 번째로 꼽히는 금정조는 호주의 동부 및 동북부에 분포하는 핀치류로 건강한 편이며 번식도 용이하다.

자태도 스마트한 데다 울음소리도 아름다워 때로는 고양이 새끼가 우는 소리와 흡사하여 자태와 울음소리를 즐길 수 있어 핀치류로는 진귀한 존재이다.

금정조의 종류

●검은부리 금정조

금정조의 종류는 대체로 5종류가 있으나 크게 나누어 검은부리, 붉은부리, 노랑부리 금정조로 나눌 수 있는데 검은부리 금정조는 호주의 동북부에 위치한 요오크 반도 남부에 분포하며 머리 부위는 회색이고 꼬리와 앞가슴이 검은 것이 특이하다.

●긴 꼬리 금정조

긴꼬리 금정조는 호주의 북부 및 서남부에 분포하는데 요오크 반도에는 없다. 꼬리길이가 6.5cm나 되며 전체 길

검은 부리 금정조

긴꼬리 금정조

이는 16.5~18.0cm에 이른다. 역시 앞가슴과 꼬리의 빛깔은 검은데 부리가 노란 점이 다르다.

● 노랑부리 금정조

노랑부리 금정조는 좀 시끄러운 새로 큰 나무로 심은 횃대가 있는 넓직한 금사에서 무리로 사육하면 잘 번식한다. 숯(木炭) 조각에 매우 집착한다는 괴상한 습성이 있어, 야생 금정조의 둥우리에는 반드시 숯 부스러기가 있다는 사실을, 조류 연구가인 루트거씨가 1964년에 보고하고 있다.

꼬리만 검으며 앞가슴 부위는 제 털색인 다갈색이다.

노랑 부리 금정조

사육에 필요한 것

●금정조의 새장

호금조와 마찬가지로 보통 마당새장을 사용한다. 금정조의 털색이 아름다워 새를 보며 즐기는 것이 목적이므로 마당새장은 밝고 잘 보이는 장소에 두도록 한다.

번식을 시킬 때는 새가 조용히 있을 수 있는 장소로 새장을 옮겨놓도록 한다.

또한 금정조는 여름철 더울 때는 금사에서 기를 수 있으나, 추위에 약한 새이므로 가을철부터는 마당새장에 옮겨 추운 겨울에는 월동시켜야 한다

●필요한 용구

새장 이외의 모이그릇, 물그릇 등은 호금조에 쓰이는 용구와 다를 바 없으나 다만 횃대는 속이 빈 부드러운 나무 횃대가 좋다.

둥지 금정조용의 것이 시판되고 있다. 짚으로 만든 둥지인데 십자매 등에 쓰이는 둥지와 달라, 프라스코형 즉, 운두가 긴 것이 특징이다.

금정조는 스스로 포란, 부화를 못하므로 십자매를 가모로 사용한다. 채란(採卵)할 때 필요한 채란용 수푼을 준비해 두면 편리하다.

●금정조의 모이

배합사료 금정조의 주식으로는 피, 좁쌀, 수수 등을 혼합한 것이 시판되고 있다. 모이의 배합 비율은 십자매와 같다.

기타 사료 청채(青菜), 보레이가루도 다른 새와 마찬가지로 준다. 보레이가루는 1년 중 계속 주도록 한다.

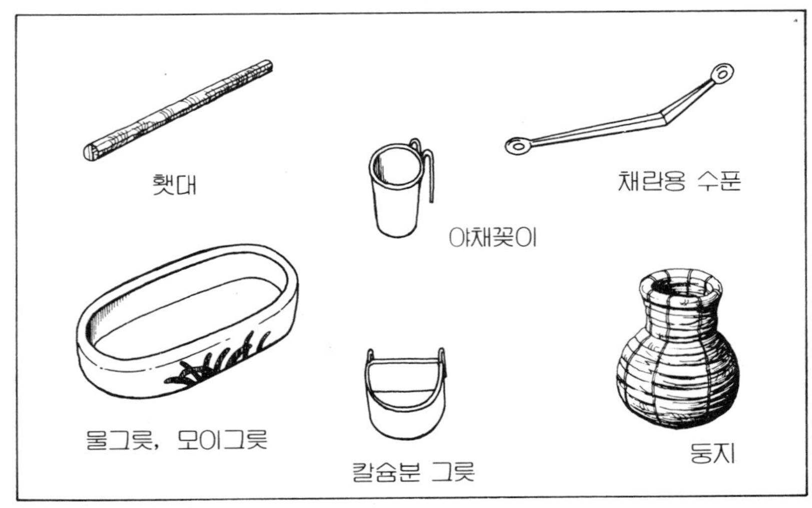

금정조의 사육에 필요한 용구

좁쌀계란 가모인 십자매가 새끼를 키울 때에 새끼의 발육을 위해 필요하다. 새끼는 발육하는 뼈, 깃털이 되는 칼슘분이 부족하면 발육이 늦어지며, 구루병에 걸리게 된다. 칼슘분 보급에 있어서 보레이가루는 꼭 필요하다.

금정조의 사육관리

●매일의 관리와 계절의 관리

모이 주는 법, 청소, 수욕～일광욕 등은 십자매, 문조, 호금조 사육에서 관리와 대체로 같다(p.66～68참조).

●번식에 따른 관리

산란까지의 관리, 산란 후의 관리, 부화 후의 관리는 대체로 십자매와 마찬가지이다(p.68～69참조). 금정조의 알은 십자매를 가모로 해서 14일전에 부화하며 15일 쯤이면 둥지떠남을 한다. 그리고 반 년 정도에서 젊은 어미새가 된다. 그리고 다른 종류와의 교잡이 가능하며 특히, 십자매와의 교배종도 나돌고 있다.

●자웅 식별법

금정조의 특징은 동작이 그 명칭과 같이 조용하다. 자웅의 식별은 형태상으로 용모에 별차가 없어 어렵다. 다만, 수컷의 울음소리가 암컷에 비해 강해서 이로써 구별하게 된다.

금정조

소문조(小紋鳥)

소문조에서 즐기는 것
• 자태나 동작을 본다
• 울음소리를 듣는다

호주의 3대 미조 중 세 번째로 꼽히는 고급 핀지류로 유순하며 건강하고 튼튼한 새에 속한다.

빰과 부리 부위는 빨갛고, 몸체는 황록색이며, 꼬리는 다색으로 양 날개 밑, 목과 가슴에 걸쳐 마치 은하수를 연상하게 하듯이 흰 반점이 있는 아름다운 새이다.

필요한 용구와 사육 관리

새장, 모이·물그릇, 둥지는 호금조 사육에 필요한 용기와 다를 바 없다.

매일의 관리와 계절의 관리 및, 번식에 따른 관리 역시 십자매나 문조, 금정조에서의 관리에 준한다.

●번식과 자웅 식별법

오스트레일리아산 핀치류는 대체로 1년에 2, 3회(털갈이 시기인 한여름철만 제외하고) 즉, 9월부터 이듬해 6월경까지 부화할 수 있는데, 알은 4개를 낳으며 13일 정도에서 부화한다. 둥지떠남까지는 20일 쯤 걸린다.

부화 중이라도 살아있는 모이(곤충·밀옴 따위)를 주면 먹을 정도로 식욕이 좋다. 어미새 고르는 법은 사이가 좋은 한쌍을 고르는 것이 중요하며 서로 금실이 좋고 나쁜 것은 그 동작을 자세히 관찰하면 금방 판별할 수 있다.

자웅의 식별 수컷이 부리에서 얼굴에 걸쳐 마치 얼굴로 덮은 듯이 빨갛게 물들어 있다. 암컷은 이 부분의 붉은색이 약간 엷기 때문에 판별할 수가 있다.

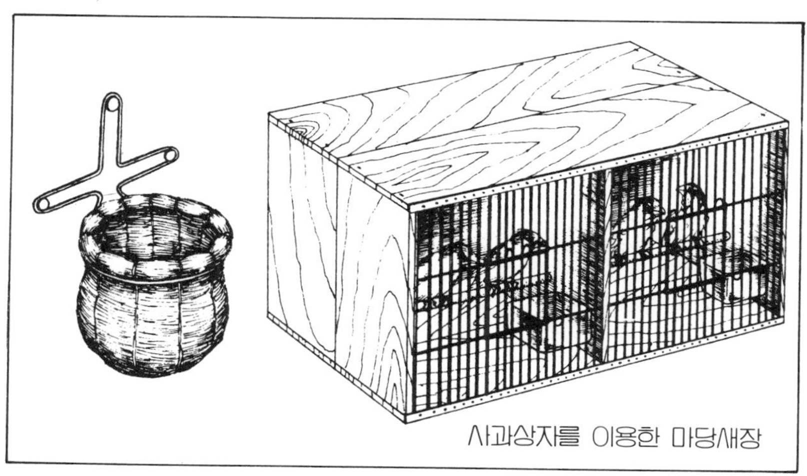

소문조의 사육에 필요한 용구

금화조(錦華鳥)

금화조에서 즐기는 것
• 자태나 동작을 본다.

오스트레일리아에 광범위하게 분포하는 금복과(金腹科)에 속한다. 참새보다는 약간 작은 새로 원산지에선 무리를 지어 보리를 쪼아먹는 해조로 알려져 있다.

몸은 작지만 성미가 강해 자기보다 큰 새에게도 마주 대항하기도 하며 또 같은 동종 사이에서도 투쟁심이 강해 되도록 한쌍으로 기른다.

금화조의 종류

아름답고 귀여우며 게다가 튼튼하기 때문에 많은 사람들이 기르고 있다. 종류는 보통금화조,백금화조, 고대화금조의 3 종이 있다.

● 보통 금화조

보통금화조의 털색은 원종과같은색채로 수컷은 볼에 큰 황갈색의 반점이 있으며, 목에는 흑·백의 줄기가 있고 첫째 날개(97페이지 참조) 에는 다갈색 바탕에 흰 반점이 많이 보인다. 암컷은 단순한 색채이다.

● 백(白) 금화조

보통금화조를 개량작출한 것인데 수놈, 암놈이 모두 전신이 새하얀 새로 매우 온순하고 고상한 새이다.

고대(古代) 금화조 　　　 보통 금화조

● 고대(古代) 금화조

고대금화조는 보통금화조에서 돌연변이로 생겨난 품종으로 일본에서 작출됐다는 설과 중국 상해에서 작출됐다는 설이 있다.

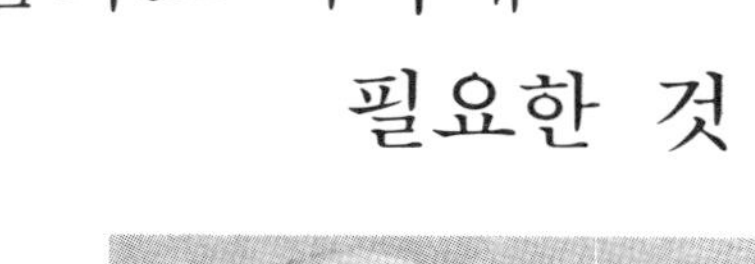

금화조 사육에 필요한 것

● 금화조의 새장과 필요한 용구

새장이나 필요한 용구는 기본적으로 전술한 십자매에서와 마찬가지이며 번식시킬 때는 앞만 트인 상자조롱을 사용하는 것이 편리하다.

● 금화조의 모이

배합사료는 새가게에서 파는 십자매용이면 된다. 푸성귀, 칼슘분, 좁쌀계란 등도 역시 십자매 모이에 준한다.

백금화조

얼룩 금화조

금화조의 사육관리

● 매일의 관리와 계절의 관리

모이 껍질의 제거, 신선한 모이의 보충, 매일의 물갈이 등에 관한 일은 양조에 공통되는 일상의 관리이다.

금화조는 몸이 작고 성질이 급한 새이므로 청소 때나 모이, 물갈이 때 도망가지 않도록 주의한다.

금화조의 원산지는 상당히 춥다. 그러므로 추위에 강한 새이다. 다만 털갈이 때나 장마철 기온이 낮을 때 낙조(落鳥)하는 경우가 있어 주의해야 한다.

겨울. 장마철. 털갈이 때의 관리	• 추위에 강한 새이지만 갑자기 몹시 추워지는 새벽녘에는 주의가 필요
여름. 털갈이 때의 관리	• 암놈이 포란하지 못하게 한다

금화조의 계절의 관리

금화조가 포란, 부화 후에는 청소를 하면 안 된다. 또 새장 전면에 보자기 따위를 걸쳐 좀 어둡게 해 준다.

● 자웅 식별법

금화조의 자웅 식별법은 품종에 따라 다르다.

보통금화조와 고대금화조의 자웅의 차이는 털색에 의해 식별한다. 수컷은 성숙하면 목에서 흉부 위에 엷무늬가 나타나며 다갈색의 큰 반점이 보인다. 암컷은 이러한 것이 보이지 않으며 전체적으로 연한 털색이다.

백금화조의 경우 암·수가 다 백색인데 부리의 홍색의 농담으로 가려낸다. 부리의 홍색이 짙은 것이 수컷이며 암컷은 연한 색이다.

금화조의 번식법

● 번식법

금화조는 보통 십자매를 가모로 번식시킨다. 그 방법은 호금조의 경우 (85 페이지 참조)와 같다. 둥지는 십자매와 같은 항아리 둥지를 사용한다.

산란은 한여름을 제외하고 1년 중인데 어미새의 건강이나 좋은 새끼를 키우기 위해서는 봄, 가을이 좋다.

금화조 중에는 자기가 포란 부화하는 것도 있다. 만약 금화조가 포란을 시작하면 신경질 상태가 돼 있으므로 되도록 조용한 장소에서 포란, 부화가 되도록 한다.

모 이	껍질을 불어 제거하고, 새 모이를 보충해 준다
물 갈 이	매일 아침 용기를 씻고, 신선한 물로 바꾸어 준다
청 소	3 ~ 4 일에 1 회
열탕소독	1 ~ 2 개월에 1 회 번식을 끝낸 후에도
수 욕 일 광 욕	수욕 후 1~2시간 정도. 여름의 직사광선은 피한다

금화조의 매일의 관리

발 정 ~ 산 란	• 발정을 위해 좁쌀계란을 준다 • 마당새장에 항아리둥지를 넣는다
↓	
산 란 ~ 부 화	• 보통, 십자매를 가모로 하여 부화시킨다 • 포란기간은 약 2주일
↓	
부 화 ~ 둥지 떠남	• 부화 후 약 3주일이면 둥지에서 나온다 • 보통모이외에 좁쌀계란을 준다

금화조 번식시키는 법

금화조의 자웅 식별법

원 포인트 어드바이스

질문 금화조의 암놈이 기운이 없으며, 변비인 것 같고, 볼기부분도 지저분하다. 배도 불룩한 것 같은데 왜 그런지.

해답 금화조를 비롯하여 카나리아, 사랑앵무 등은 몸집에 비해 큰 알을 낳으므로, 겨울의 추위로 몸이 굽어 있을 때나, 모이에 칼슘분이 부족하여 알 껍질이 물러지거나 하면 알을 낳을 수 없게 되어 죽는 수가 있다. 이것은 알막힘이라 불리우는 병이다. (치료법은 155페이지 참조)

이를 방지하기 위해서는 칼슘분의 보급과 변통이 잘 되게 푸른 야채를 충분히 급여하도록 한다. 그리고 겨울의 추위가 심한 동안은 번식을 피하고 봄, 가을 기후가 좋을 때 번식시키도록 한다.

홍작(紅雀)

홍작에서 즐기는 것
• 자태나 동작을 본다
• 울음소리를 듣는다

홍작은 중국 남부를 비롯 인도, 태국, 말레이 반도, 버마 등을 원산지로 한 금복과(金腹科)의 새이다.

일반 사육조 중에서는 가장 소형에 속하는 새로 전부터 십자매와 함께 수입되고 있다.

홍작의 수컷은 번식기에는 전신이 아름다운 진홍색이 되며 하얀 반점이 돋보여 아주 아름답다. 또 맑은 울음소리를 지저귄다.

홍작의 종류

홍작은 한 종류밖에 없다. 그러나 홍작의 수컷은 번식기가 되면 전신의 털이 진홍색이 되며 흰 반점이 돋아나는 것과, 전신의 털이 조금 녹색을 띤 홍색이 되는 것이 있다.

전자의 것을 본(本) 홍작, 후자의 것을 청(青) 홍작이라 부른다. 또한 번식기가 끝나면 암컷의 진홍색인 깃털이 생식깃털이 떨어져 전신이 갈색을 띤 색채의 새가 돼 버린다.

암컷의 색깔은 번식기가 아닐 때 수컷과 흡사하다.

홍작의 사육에 필요한 용구와 모

전신의 털색이 약간 녹색을 띤 분홍색인 것

청(青) 홍작

전신의 털색이 짙은 홍색인 것

본(本) 홍작

이는 십자매와 다를 바 없다.

홍작의 사육관리

모 이	껍질을 불어 제거하고, 새 모이를 보충해 준다
물 갈 이	매일 아침 용기를 씻고, 신선한 물로 바꾸어 준다
청 소	2~3일에 1회 청소한다
열탕소독	1~2개월 1회. 번식을 끝낸 후에도
수 욕 일 광 욕	수욕 후 1~2시간. 직사광선은 피한다

홍작의 매일의 관리

홍작에 매일의 관리(청소, 수욕, 일광욕 등)와 계절의 관리는 십자매나 문조의 사육관리와 같다.

홍작의 번식법

홍작 스스로 포란·육추하는 예가 드물게 있으나 십자매와 같이 간단히 번식시킬 수가 없다.

인도나 말레이 반도 등 원산지에서 야생의 홍작이 번식하는 기간은 보통 6~10월의 우기인 짧은 기간이다. 1회의 산란수는 4~7개로 포란기간은 11~12일이라고 한다.

번식용 새장에 둥지는 십자매와 마찬가지로 항아리둥지를 사용한다. 발정의 촉진 모이와, 번식 중의 모이 주

홍작의 자웅 식별법

는 법은 십자매와 같게 한다.

산란하여 어미새가 포란하지 않는 경우는 십자매를 가모로 포란·육추시킬 수 있다.

● 자웅 식별법

암·수는 털색으로 식별한다. 수컷의 털색은 바닥색이 홍색이며 여기에 흰 반점이 있다. 이 홍색은 번식기가 되면 아름다운 진홍색이 되며 흰 반점이 두드러지게 돋보인다.

암컷은 1년 중 갈색을 띤 화려하지 않은 색이다.

홍작

중형앵무(鸚哥)

중형앵무에서 즐기는 것
- 자태나 동작을 본다.
- 흉내나 재주를 부리게 한다.
- 손노리개로 한다.

사랑새는 소형앵무에 포함되는데 이밖에도 수많은 앵무가 있다. 중형앵무에는 털 빛깔이 고운 것, 잘 길들여져서 손에 앉는 것도 많고 모란앵무류와 같이 인공교배 등에 의해 여러 가지 패턴의 것이 있다.

중형앵무의 종류

중형앵무류는 질병에 강하고 냄새가 거의 나지 않아 아파트에서도 기를 수 있다.

일반적으로 기르고 있는 것은 다음과 같다.

● 모란(牧丹) 앵무

원산지는 아프리카이다. 중형앵무의 대표적인 종류로 어른 주먹 크기의 작은 품종으로 개량된 것이 있는데 눈 주위의 흰 고리 테가 특징이다. 노랑목모란(黃襟牧丹) 앵무, 청모란(青牧丹) 앵무, 백모란(白牧丹) 앵무, 유리허리모란(瑠璃牧丹) 앵무 등이 대표적인 것이다.

● 작은벚(小櫻) 앵무

원산지는 아프리카 서남부의 벤가라에서 나마랜드에 걸친 지방이다.

작은 벚 앵무　　　모란 앵무

목도리 초록 앵무　　　왕관 앵무

모란앵무와 흡사한데 눈 주위의 흰 테가 없다. 성질이 상당히 사나워 다른 새와 한데 기르기 어렵다.

● 왕관 앵무

원산지는 오스트레일리아로 떼를 지어 생활한다.

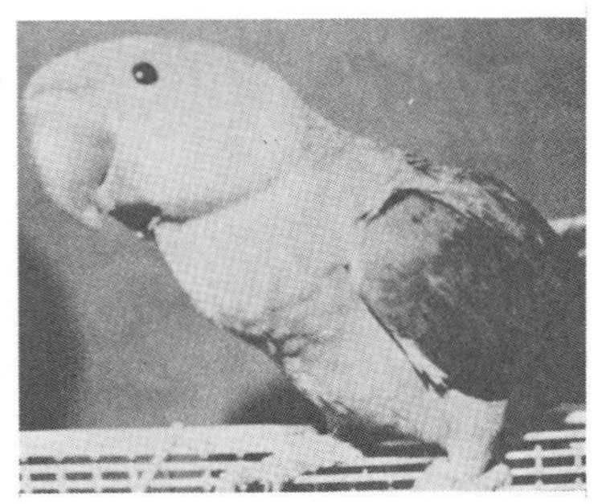

성질이 유순하여 다른 종류의 앵무와 함께 기를 수 있다. 울음소리는 앵무 중에서 비교적 좋은 편이다.

● 목도리 초록앵무

원산지는 인도에서 중국 남부로 중형 앵무 중에서는 상당히 큰 새이다. 전신의 털은 백색을 띤 녹색으로 수컷의 목 부분에는 흑색과 핑크의 두 고리가 있다.

중형앵무 사육에 필요한 것

중형잉꼬는 부리가 매우 튼튼하며 힘이 강하기 때문에 대나무 조롱이나 마당새장 따위는 갉아 엉망진창으로 만들어 놓으므로 대형의 쇠줄장에서 길러야 한다. 특히 꼬리가 긴 왕관앵무 등은 꼬리가 닿지 않는 충분한 크기가 필요하다.

추위에 비교적 강하기 때문에 가금사에서 기를 수도 있다. 가금사를 만들 때는 나무를 사용하지 말고 철제로 하거나 목재를 사용할 경우는 안쪽에

양철을 대거나 한다.

● 필요한 용기

용기 모이그릇이나 물그릇 등은 되도록 사기그릇의 큼직한 것을 사용한다. 칼슘분 대신 염토(鹽土)를 줄 경우 염토의 덩어리가 크면 플라스틱제의 용기에는 들어가지 않으므로 사기그릇제의 둥그런 용기가 필요하다.

횃대 앵무가 횃대를 갉아 놓는다고 횃대에 양철 따위를 감아주면 안 된다. 앵무는 횃대를 갉아 부리가 자라는 것을 방지하고 있으므로 횃대를 자주 갈아주며 염토 등을 주어 갉아먹도록 한다.

둥지 중형앵무의 둥지는 목제의 상자둥지를 사용한다. 앵무의 크기에 맞는 둥지가 가게에 시판하는 것이 없을 때는 직접 만들어도 된다.

● 중형앵무의 모이

배합사료 중형앵무의 주식은 피, 조, 수수 등에 해바라기 씨 등을 소량 혼합한 배합사료가 있다. 모이의 배합 비율은 피 85%, 조 20%, 수수 10%

해바라기 씨

삼씨

에 해바라기 씨가 5% 정도면 이상적이다.

푸른 야채, 칼슘분 부식으로는 배추, 산동채, 유채 등이며 중형앵무는 푸성귀의 잎 부분보다 줄기 부분을 즐겨먹는다.

또 푸성귀 외에 사과, 바나나 따위 과일도 즐겨먹는다. 칼슘분 보급을 위해 보통 새에 주는 보레이가루 또는 굴조개가 포함된 염토를 준다.

중형앵무의 사육관리

● 매일의 관리와 계절의 관리

푸성귀는 별로 많이 먹지 않으므로 2~3일에 한 번 주면 충분하다. 푸성귀 대신에 과일을 주어도 되지만 너무 많으면 주식인 피나 조를 먹지 않게 된다.

앵무는 수욕을 별로 하지 않는 새이므로 1주일에 한 번 정도 날씨가 좋은 날에 큼직한 용기에 물을 넣어주면 수욕을 한다.

중형앵무를 기르기 위한 특별한 계절의 관리는 없다. 다른 새를 기를 때의 주의와 같다.

중형앵무의 번식법

중형앵무를 번식하기란 사랑새와 같은 소형앵무와는 달리 포란이 어려워서 일부 전문가에 의해 양식을 하는 정도이다.

그러므로 중형앵무의 번식법을 다음 표로 간추려 제시하는 데 그치기로 한다.

● 자웅 식별법

종류에 따라 자웅의 식별법이 다른데 모란앵무, 작은 벚앵무 등은 암·수의 크기나 털색이 같아 식별하기가 어렵다. 전문가는 머리 위부분의 모양이나 복부의 넓이 등으로 암·수를 가린다고 한다. 왕관앵무나 목도리초록앵

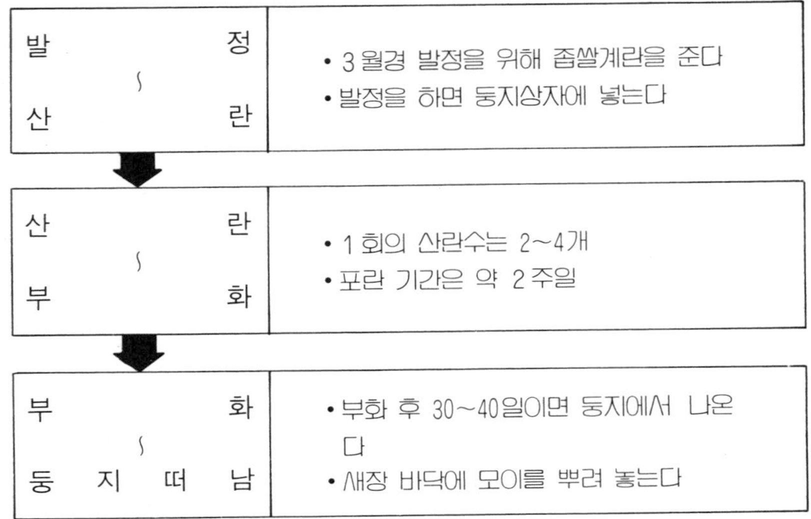

중형 앵무의 번식 중의 모이 주는 법

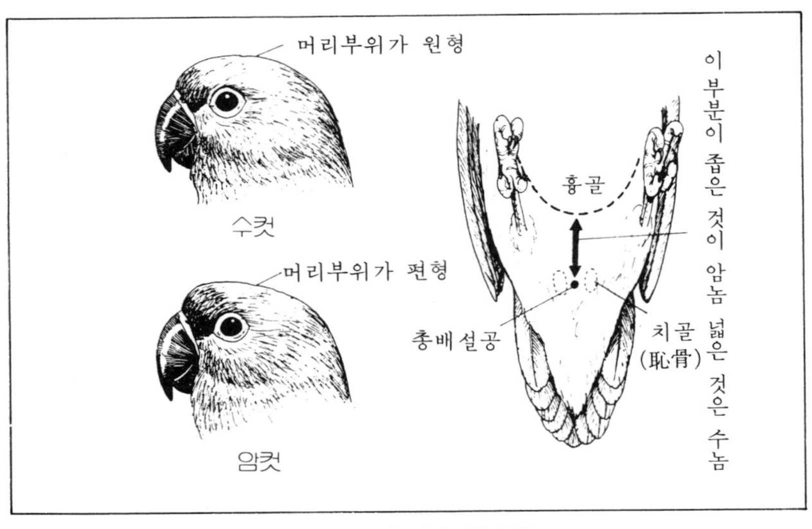

중형앵무의 자웅 식별법

무 등은 비교적 간단히 식별된다. 수컷은 볼의 붉은 반점이 선명하며 암컷은 눈에 띄지 않는다.

손노리개 중형앵무로 기르는 법

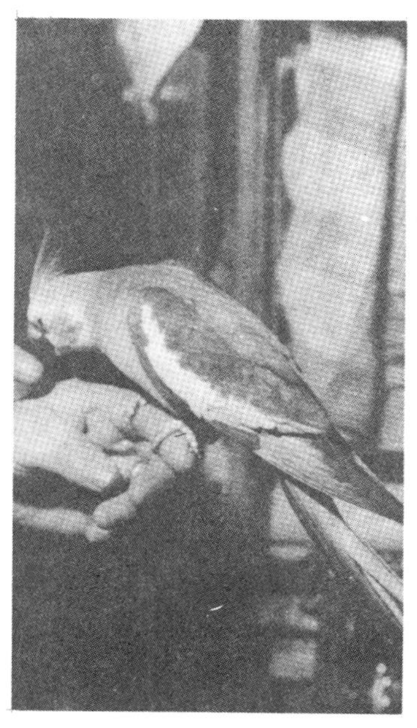
손노리개 앵무

모란앵무나 왕관 앵무 등도 사랑앵무와 마찬가지로 손노리개로 길들 일 수 있다.

손노리개로 길들이는 방법은 사랑앵무를 길들이는 방법과 똑같다(57페이지 참조)

손노리개앵무는 한 마리를 기르는 수가 많아, 심심해서 자기의 털을 부리로 뽑는 나쁜 버릇이 있다.

기분을 내 주기 위해 되도록 새 장에서 꺼내어 놀이상대를 해 주거나 놀이개를 주도록 한다. 두 마리의 손노리개 앵무를 함께 키우는 것도 좋은 방법이다.

되도록 많은 새와 접촉하도록 한다

원 포인트 어드바이스

질문 새가게에서 달마(達磨) 앵무의 새끼를 사왔다. 어떤 모이를 주어야 하는지 또, 흉내를 낼 수 있을지.

해답 달마앵무는 튼튼하여 무엇이나 잘 먹는다. 모이는 해바라기 씨, 조, 피, 치이즈, 과일, 빵 등이다.

이 새는 추위도 비교적 강해 익숙해지면 옥외에서도 기를 수 있으나 첫 겨울은 실내에서 기르는 것이 안전하다.

달마앵무는 흉내를 잘 낸다. 날개가 돋아나는 무렵에 말을 가르친다. 달마앵무의 새끼는 부리가 검고 몸 전체가 연한 녹색인데 암컷은 1년쯤 되면 부리가 빨갛게 되며 머리나 가슴은 고운 포도색으로 변한다. 암컷의 부리는 검은 그대로이다.

질문 내가 기르고 있는 손노리개 모란앵무는 사람이 먹는 것은 무엇이든 먹고 싶어하는데 먹여도 괜찮은지.

해답 우리들이 먹고 있는 케이크 등의 과자는 영양가 높은 식품이다. 이런 것을 새에게 먹이면 영양과다가 되어 살이 찌거나 위장의 고장이 생겨 설사를 하는 수가 있다.

그러므로 우리가 먹는 과자나 홍차와 같은 음료를 주지 않는 것이 새를 건강하게 기를 수 있다. 또 새에는 영양의 균형이 있는 모이를 줄 필요가 있다. 푸른 야채에는 농약이 묻어 있는 수가 있으므로 물에 잘 씻어서 주도록 해야 한다.

대형 앵무(鸚哥)

대형앵무에서 즐기는 것
• 자태나 동작을 본다
• 흉내나 재주를 부리게 한다

대형앵무는 몸길이가 50㎝를 넘는 큰 앵무를 말한다.

대형앵무는 흉내를 내게 하여 즐기거나 자태의 아름다움을 즐기는 것을 목적으로 기르고 있다. 대형앵무는「앵무새」로 불리우는 것과「잉꼬」라 불리우는 것이 있는데 털에 색채가 있는 것을 잉꼬, 백색의 것을 앵무새라 불러 구별하고 있을 따름이다.

대형앵무의 종류

대형앵무로 분류되는 앵무는 분류적으로는 금강 앵무속(屬)과 보라빛금강 속으로 나뉘어서 2속(屬) 18종이 현존하고 있다. 넓은 정원이 있는 주택이라면 기를 수가 있겠지만 일반가정에서는 곤란하겠다.

● 청모자(青帽子) 앵무

원산지는 남미의 아마존 유역이며 털색은 전신이 녹색으로 이마가 하늘색이다.

성질은 별로 유순하지는 않으나 흉내를 잘 내는 앵무이다.

● 회색앵무

회색 앵무

청모자 앵무

원산지는 아프리카 서부로 주로 삼림에서 떼를 지어 생활하고 있다.

털색은 전체가 회색이며 얼굴이나 복부 등은 연한 회색이다.

성질은 유순하며 앵무 중에서 흉내를 제일 잘 낸다고 한다.

● 붉은 머리 유황 앵무

원산지는 모락카섬과 안포이나섬이다. 털색은 전신이 백색이며 전체적으로 연한 장미색으로, 눈 주위가 청색을 띠고 있다. 관우(冠羽)가 있고, 그 뒤쪽은 오렌지색이다.

튼튼한 새로 소중히 키우면 몇 10년이라도 장생한다고 한다.

● 큰 유황 앵무

원산지는 오스트레일리아와 타스마니아이다.

털색은 볼에 연황색의 큰 반점이 있는 외에 순백이고 황색의 관우가 있다.

성질은 유순하며 흉내를 잘 내 옛부터 인기가 있다.

● 작은 유황 앵무

원산지는 세베레스도(島), 모락카도이다.

털색은 전신이 순백이다. 큰유황이나 붉은머리와마찬가지로 황색의 관우가 있다.

흉내도 청모자나 큰유황과 같이 잘 한다. 수컷과 암컷이 같은 빛깔인데 수컷의 눈은 검고 암컷의 눈은 적색이라 금방 판별할 수 있다.

● 금강(金剛) 앵무

원산지는 남미로 종류도 많는데 잉꼬류 중에서 가장 몸이 커 전길이 1m나 되는 점보형이다.

사람에 익숙해지는데 흉내는 못낸다

금강(金剛) 앵무

성질은 유순하며 흉내도 잘 낸다

붉은머리 유황앵무

홍금강 앵무

붉은 머리 유황 앵무

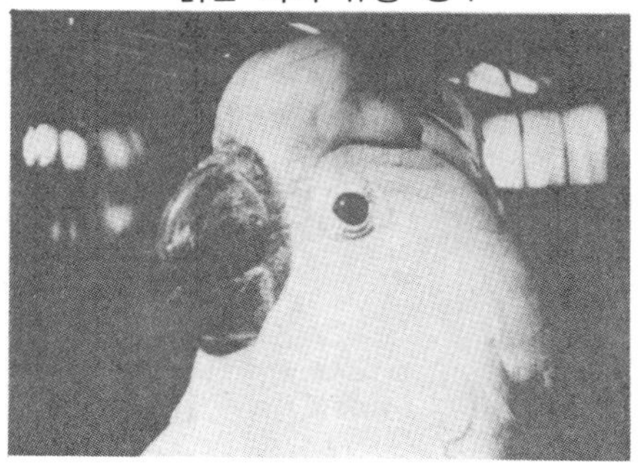

큰 유황 앵무

대체로 털색이 고우며 성질이 유순해 사람에게 잘 따르는데 흉내는 전혀 못낸다. 오직 한마리만 길러 관상용으로 즐긴다.

동물원 등에서 그 아름다운 자태와 활발한 움직임으로 인기 있는 새이다.

대형앵무 사육에 필요한 것

● 새장과 기타 용구

대형앵무용의 굵은철사로된 회색앵무 새장으로 기르는 경우와 금강앵무류는 발에 쇠사슬을 달아 T자형 나무 횃대에 걸어 키우는 경우가 있다.

금강앵무의 꼬리가 길기 때문에 좁은 새장에서 기르면 소중한 꼬리가 닳아서 없어지기 때문이다.

앵무의 발에 쇠사슬을 매어 횃대에 앉게 할 때 쇠사슬을 너무 길게 하면 발에 엉켜 다리를 상하게 하므로 쇠사슬의 길이는 20~30㎝ 정도로 한다.

횃대도 나왕제와 같은 부드러운 목재라면 곧 갉아버리므로 떡갈나무와 같이 딱딱한 나무를 사용하고 부리가 자라는 것을 막기 위한 나무는 별도로 주도록 한다.

조롱 안의 황모자앵무

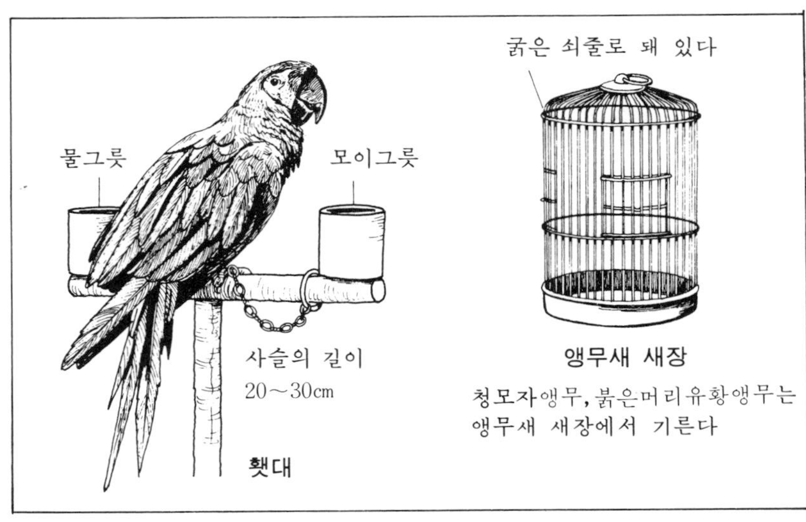

대형앵무의 새장

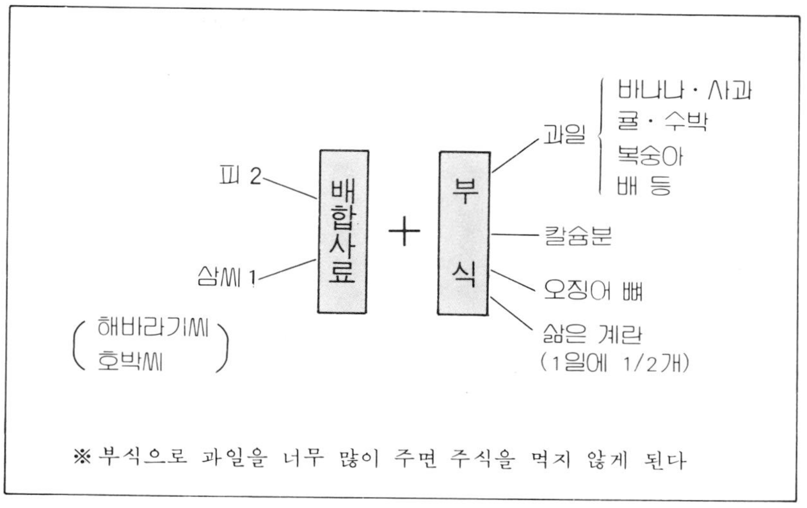

대형앵무에 매일 주는 모이

● 대형앵무의 모이

배합사료 대형앵무의 모이는 피와 해바라기 씨나 호박 씨를 혼합한 것이 주식이다.

부식 부식으로는 사과, 귤, 바나나, 수박, 배, 복숭아 등 4 계절에 있는 과일과 칼슘분, 오징어 뼈 등을 준다. 부식인 과일을 너무 많이 주면 주식인 피나 씨를 잘 먹지 않게 된다.

삶은 계란 동물질의 모이로는 삶은 계란을 하루에 반쪽쯤 준다. 껍질도 먹으므로 칼슘 보급도 되어 건강에 도움이 된다.

대형앵무의 사육관리

● 매일의 관리와 계절의 관리

모이는 아침에 배합사료의 주식을 주며 오후에 과일 따위를 준다. 주식과 과일을 동시에 주면 좋아하는 과일만 먹게 되어 영양이 치우친다.

청소, 수욕, 일광욕은 다른 일반 새의 관리와 같으나 대형앵무의 수욕은 날씨가 좋은 날을 골라 새장 위에서 물뿌리개로 뿌려준다.

계절의 관리도 별다를게 없으나 다만 겨울에는 보온에 충분한 주의를 하면 된다.

흉내를 가르치는 요령

● 흉내내게 가르치는 법

흉내를 잘 내는 종류는 회색 앵무를 비롯 청모자앵무나 황모자앵무, 작은유황앵무, 큰유황앵무 등이다.

흉내를 내는 새의 대표선수는 회색 앵무다

말을 가르치는 년령은 젊은 것이 좋으며 털갈이 한 성조가 됐을 때가 최적이라 한다.

말을 가르칠 때 조용한 곳에서 하루 중 정해진 시간에 짧은 말부터 가르친다. 한 마디를 끈기있게 되풀이 하여 완전히 익힌 후에 다음 말을 가르치도록 한다.

말을 가르치는 사람은 남성보다 높은 소리의 여성이 적합하다.

또 훈련에 대한 상을 주도록 하면 효과적이다. 잘 길들이면 짧은 노래도 부를 수 있게 되는데 같은 종류의 앵무에 있어서도 잘 외우는 것과 그렇지 못한 것이 있다. 이것은 성별, 외관에 관계 없이 실제로 가르쳐 주어 보아야 알게 된다.

흉내를 내는 종류	회색 앵무, 청모자, 노랑모자, 작은 유황 앵무, 큰 유황 앵무
적당한 연령	젊은 새가 좋으며, 털갈이 하여 성조가 된 바로
가르치는 장소	조용하고 아늑한 곳
가르치는 시간	하루 중, 알으키는 시간을 정한다
가르치는 말	짧은 말부터 되풀이 하여 가르친다
가르치는 사람	발음이 또렷한 여성이 가장 적당하다

대형앵무에 말 가르치는 법

구관조(九官鳥)

구관조에서 즐기는 것
• 흉내나 재주를 부리게 한다

구관조는 흉내를 내는 새로 큰 유황 앵무 등과 함께 유명하다. 원산지는 인도, 세일론 말레이시아로 산악지대나 삼림지대에 살고 있는 찌르레기과의 새이다. 산지에 따라 외관이 약간 다르다.

구관조의 크기는 비둘기보다 한둘레 작으며 전신의 털은 흑색이다. 부리는 오렌지색이며 눈 아래와 눈 뒤편의 후두부 주위에 황색의 아름다운 육수(肉垂)가 있다. 그리고 첫째 날개(風切羽) 중앙에 흰 반점이 보인다.

구관조 사육에 필요한 것

● 새장과 필요한 용구

구관조는 크고 튼튼한 새장을 사용한다. 구관조는 2개의 횃대 사이를 왔다갔다 하는 습성이 있으므로 작은 새장에서는 날개를 상하거나 운동부족이 된다.

또한 구관조는 수욕을 특히 좋아하므로 목욕용의 새장도 구비한다.

구관조의 조롱

● 구관조의 모이

반죽모이 구관조는 야생에선 곤충을 주식으로 하는 새이므로 인공사육하에서는 반죽모이로 키운다.

반죽모이는 물 3할의 배합모이를 쓰지만 예전에는 푸성귀를 절구에 갈아서 모이가루와 섞어서 주었지만 여름에는 곧 변질되므로 하루에 3～4회씩 새로 만들어야 하기 때문에 수고가 여간 아니다. 그래서 최근에는 청채가 들어간 고형모이가 만들어져서 물을 붓기만 하면 줄 수 있는 즉석모이가 생겨났다.

이밖에 삶은 고구마, 군고구마, 빵, 귤, 딸기, 사과, 포도 따위도 좋아한다.

구관조 사육에 필요한 용구

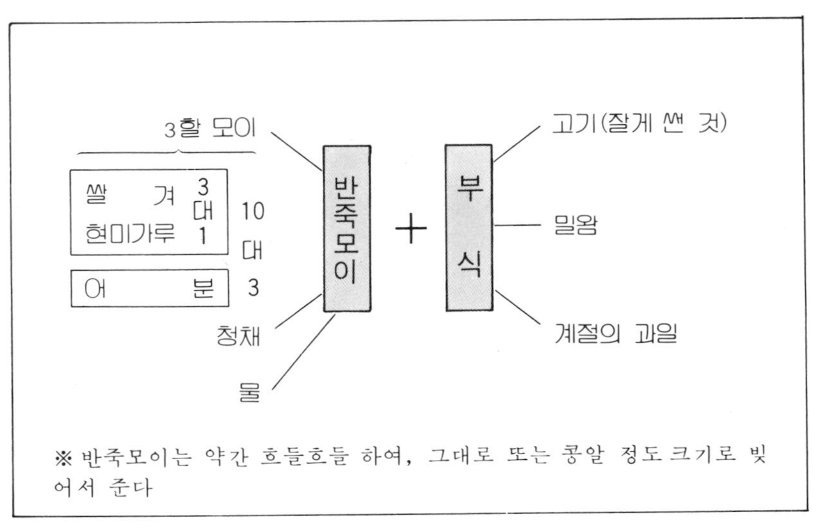

구관조에 매일 주는 모이

구관조의 수욕

부식으로는 고기를 잘게 썬 것 또는, 「밀 옴」(128페이지 참조)도 주면 좋다.

구관조의 사육관리

● 매일의 관리와 계절의 관리

모이를 주거나 청소를 하는 것은 다른 새와 다를 바 없다.

목욕을 좋아하는 새이므로 하루 한 번 수욕을 시키면 좋다. 수욕방법에는 수욕용 조롱(물조롱)에 옮겨 물뿌리개로 조롱 위에서 물을 뿌려 주는 것과, 적당한 크기의 평편한 그릇에 물을 넣어(물 깊이는 서 있는 새의 발이 반쯤 차는 정도) 그 안에 물조롱 채 새를 넣어, 손수 수욕하게 하는 방법이 있다. 새

수욕 후에는 반드시 30분 정도 일광욕을 시킨다. 겨울철 수욕은 맑은 날 오전 10~11시쯤에 시킨다.

계절의 관리로는 온도에 관한 점이다. 첫 겨울을 무사히 넘기고 2~3년 지나면 겨울에도 보온 없이 기를 수 있다. 그러나 온도차가 심한 곳은 피하도록 한다.

말을 가르치는 요령

● 구관조의 선정

구관조를 기르는 즐거움은 자기 손(소리)으로 말을 가르쳐 완전하게 말할 수 있는 새로 길들이는 것이다.

구관조에 말을 가르치려면 유조(幼鳥)가 최적이다. 구관조는 말을 하는데는 수컷, 암컷의 차가 없다. 동작이 활발하고 자태가 좋은 건강한 것으로 한다.

● 말을 가르치는 법

말을 가르치는 데는 모이를 줄 때이다. 모이를 줄 때마다 가르치되 특히 아침, 낮, 저녁 세 번은 1회에 똑 같은 말을 수 십번 되풀이 반복하여 가르치도록 한다.

짧고 쉬운 말부터 가르치며 완전히 익힌 후에 다른 말을 가르치도록 한다.

적당한 연령	처음의 털갈이가 끝나고 6개월 사이
가르치는 장소	조용하고 아늑한 곳
가르치는 시간	모이를 줄 때(아침, 낮, 저녁)
가르치는 말	처음에는 짧은 말부터
가르치는 사람	발음이 또렷한 여성으로, 언제나 같은 사람

구관조에 말 가르치는 법

테이프레코다를 사용하여
울음소리의 훈련

큰코뿔 새(大嘴)

큰코뿔새에서 즐기는 것
• 자태나 동작을 본다

큰코뿔새의 원산지는 중남미로 딱따구리과, 큰부리새과에 속하는 새이다.

거대한 부리는 외견상의 크기에도 불구하고 매우 가벼운데 그 이유는 구조적으로 내부에 발포재(發泡材)와 같이 작은 공기구멍이 있기 때문이다. 그러므로 그 큰 부리를 우리들이 식사시에 젓가락을 사용하듯이 매우 능숙하게 사용하여 아무리 작은 것이라도 들어올릴 수가 있는 것이다.

큰코뿔새의 종류

큰코뿔새는 대소의 종류를 합하면 37종이나 되는데 사육법은 거의 공통적이다. 대표적인 종류는 노란가슴 큰코뿔새, 녹색중코뿔새 등을 들 수 있다.

● 노란가슴(黃胸) 큰코뿔새

원산지는 멕시코에서 베네수엘라이다. 몸의 크기는 까마귀보다 두 둘레쯤 작은데 부리의 크기는 까마귀보다 크다.

털은 목에서 앞가슴에 걸쳐 고운 황색이며 등에서 후방은 흑색 깃털 죽지에 흰 띠가 있다.

● 녹색(綠) 중코뿔새

멕시코에서 페루가 원산지로 노란가슴큰코뿔새보다 소형으로 전신이 에머럴드색이다.

큰코뿔새 사육에 필요한 것

● 새장과 기타 용구

큰코뿔새나 중코뿔새나 크기에는 대차가 없으므로 최저 1 입방미터 정도의 크기면 된다.

재질은 금속성의 쇠줄장이 적합하다. 또 새장 안에는 굵은 횃대(지름 2.5~3 cm)를 2 단으로 걸친다.

모이그릇, 물그릇은 운두가 얕고 넓은 것으로 사기그릇이나 스테인레스제와 같은 무거운 것이 좋다.

● 큰코뿔새의 모이

바나나, 사과, 귤, 포도 등 과일이 주식이다. 이밖에 삶은 계란, 토마토,

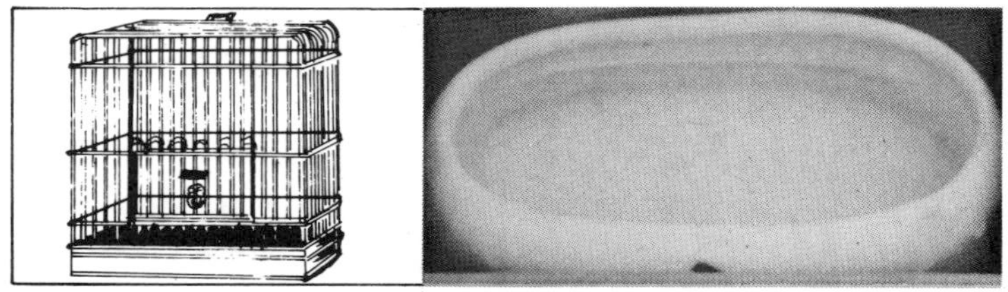

큰코뿔새 사육에 필요한 용구

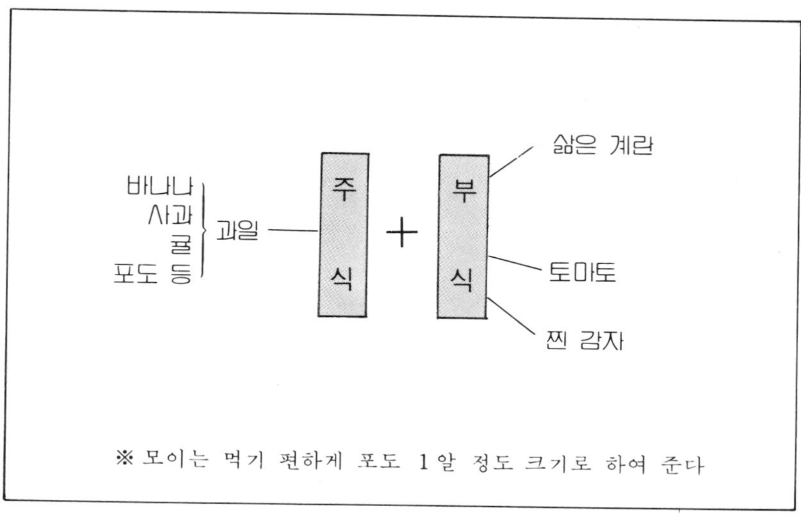

큰부리새에 매일 주는 모이

찐감자도 먹는다.

바나나, 사과 토마토 등은 먹기 좋게 포도 한 알 정도 크기로 잘라서 준다. 삶은 계란도 적당한 크기로 해서 준다.

모 이	먹기 좋은 크기로 잘라준다
물 갈 이	매일 아침 용기를 씻고 신선한 물을 갈아준다
청 소	매일 청소한다
열탕소독	1～2개월에 1회
일 광 욕	하루에 2～3시간. 여름의 직사일광은 피한다

큰코뿔새의 매일의 관리

큰코뿔새의 사육관리

● 매일의 관리, 계절의 관리

모이주기, 청소, 물주기는 다른 새를 기를 때와 하등 다를 바 없다.

큰코뿔새의 똥은 수분이 많아 묽으며 양도 많다. 새장 바닥에 소량의 시세나 신문지 등을 깔아두면 청소 때 편리하다.

수욕은 시킬 필요가 없으나 하루에 2～3시간 햇빛이 잘 드는 장소에 새장을 두어 일광욕과 함께 새장을 건조시키도록 한다.

또한 부리가 큰 데다 힘이 강해 자칫 손가락을 깨물리면 부상을 당할 염려가 있다.

추위에 약하므로 겨울철에는 난방을 해 주어야 한다. 20도 이상인 장소에서 기르는 것이 안전하다.

원 포인트 어드바이스

※ 도망간 새를 잡으려면

새장의 청소나 모이를 갈아줄 때 등 자칫 새를 조롱에서 날아가게 하는 수가 있다.

새를 돌볼 때는 창이나 문을 닫아, 새가 조롱에서 도망갔을 때 옥외로 나가지 못하도록 하는 것이 기본이다.

그러나 만약 옥외로 도망가게 되어도 서둘러 쫓으면 안 된다. 오히려 새를 겁먹게 하여 잡을 수가 없게 되기 때문이다. 새가 멀리 날아가버리는 수도 있으나, 근처에 있으면 창을 열어 유인하는 새를 놓거나 모이를 놓거나 하여 여하튼 실내로 불러들이는 것을 생각하여 그것이 잘 되었을 때 그물 따위로 잡도록 한다.

박설구(薄雪鳩)

박설구에서 즐기는 것
• 자태나 동작을 본다

박설구는 원산지가 호주이며 아주 소형의 비둘기과 새이다. 크기는 참새보다 조금 클 정도로 털색은 회색을 주체로 배면은 갈색이며, 복부는 흰색에 가깝다. 어깨와 양 날개 상부에서 검은 테가 있는 작은 흰 반점이 흩어져 있다.

박설구는 보면서 즐길 뿐 아니라 번식도 시킬 수가 있고, 또 울음소리도 좋아 우리 나라에서도 많이 기르고 있다. 또한 번식시키는 것도 그리 어렵지 않는다.

사육에 필요한 것

● 박설구의 새장

박설구는 보통 한 쌍씩 기르는 것이므로 큼직한 마당새장이나 소형 금사를 필요로 한다.

● 필요한 용구

모이그릇, 물그릇, 염토(塩土) 그릇 등은 사기그릇 제의 둥근 형이나 타원형의 용기로 충분하다.

둥지는 카나리아용의 짚으로 된 접시둥지를 사용한다. 새장이 넓으면 비

박설구

모 이	매일, 새 모이를 보충
물 갈 이	매일 아침, 용기를 씻고 신선한 물로 바꾸어 준다
청 소	2～3일에 1회
열탕소독	1～2개월에 1회. 번식을 끝낸 후에도
일 광 욕	하루에 2～3시간 여름의 직사광선은 피한다

박설구의 매일의 관리

둘기용의 접시둥지도 상관 없다.

보금자리에는 작은 가지, 보금자리 풀, 짚 따위를 넣어 주면 스스로 둥지에 옮겨 이용한다.

●박설구의 모이

모이는 피, 좁쌀 ,수수를 같은 양으로 혼합한 배합사료가 주식이다.

청채도 주는데 그다지 많이 먹지는 않는다. 염토, 보레이가루 등은 칼슘분의 보급을 위해 꼭 주도록 한다.

박설구의 사육관리

●일상의 관리

모이 주는 법 박설구는 카나리아

나 사랑앵무 등과 같이 피 따위를 껍질을 벗겨 먹는 것이 아니라 모이를 그냥 삼킨다. 그래서 모이의 껍질을 입으로 불어낼 필요는 없으나, 매일 보급하도록 한다. 물도 매일 갈아 준다. 청채는 2~3일에 1회로 충분하나 염토는 언제나 주도록 한다.

청소 2~3일에 1회 한다.

수욕, 일광욕 박설구는 수욕을 그리 즐기지 않는다. 하루에 1~3 시간 햇볕이 쪼이는 장소에 두면 충분하다.

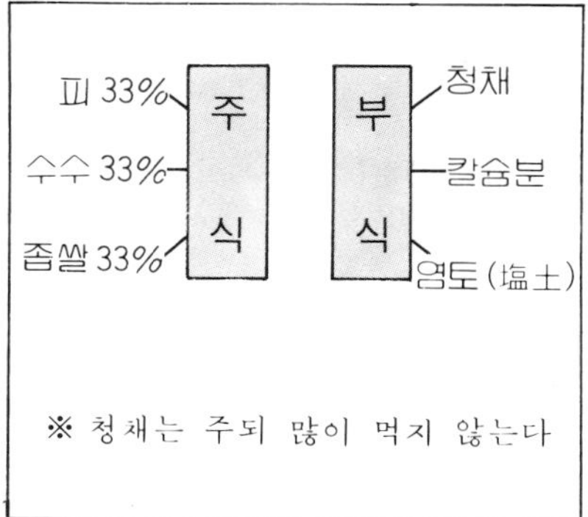

박설구에 매일 주는 모이

● 계절의 관리

박설구는 튼튼한 새이므로 추위에도 강하나, 금사에서 기르는 경우, 겨울철에는 유채씨 등의 지방분이 많은 모이를 준다든가, 추위를 막기 위해 비닐 등으로 주위를 싸 줄 필요가 있다.

박설구의 번식법

박설구는 1년을 통해 번식시킬 수 있어 잘 번식하면 7~8회 정도도 가능하다. 단, 여름의 환우기나 동절 엄한기의 3개월간은 번식이 거의 불가능하다. 엄동기에 번식시키려면 충분한 난방이 필요하다.

● 산란까지의 관리

어미새를 위해 되도록 조용한 장소에 두도록 한다. 새장 속에 카나리아용의 접시둥이나 또는 금사가 넓으면 비둘기용의 둥지를 넣어준다. 또 보금자리 풀을 넣어 주면 이것을 손수 옮겨 산란 장소를 꾸민다.

발정시키기 위해 모이에 수수를 많이 가하고, 유채씨를 주식으로 같은 양을 준다.

수컷은, 발정하면 꼬리 털을 펴서 암컷을 쫓는다.

● 산란, 부화 후의 관리

교미 후 6~8일이면 산란한다. 산란은 보통 비둘기와 마찬가지로 하루에 1개씩 전부 2개를 낳는다.

부화일수는 12일간 정도로 둥지떠남은 아주 빠르며, 부화 후 10~14일이다.

둥지떠남 후 2~3일이면 완전이 혼자서 모이를 먹게 되는데, 어미새로부터도 7일간 정도는 먹이를 받아먹는다. 새끼는 부화 후 10일 정도에서 대개 어미새와 같은 크기가 되어 놀랄만큼 성장한다.

원 포인트 어드바이스

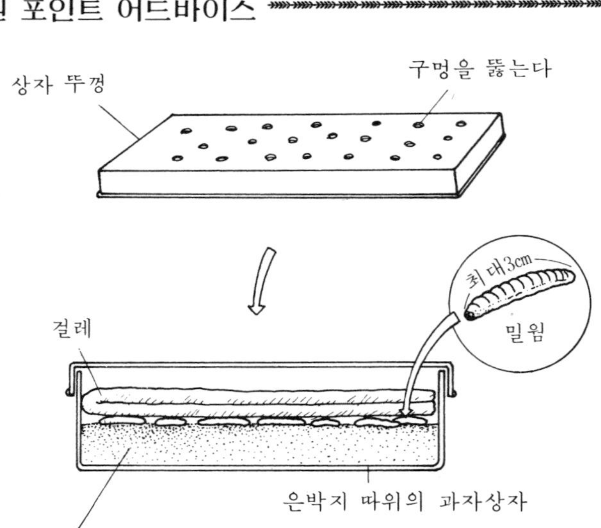

※ 밀옴 기르는 법

밀옴이란 쌀, 보리에 생기는 바구미와 같은 갑충(甲虫)으로 갈색거저리의 유충이다. 새에게는 산 모이로서 최적인데 새가게에서도 시판되는 것이 나오고 있다 한다.

과자 상자(통) 뚜경을 뚫어 통기가 잘 되게 하고 모이가 될 밀겨를 넣고 그 위에 건조된 걸레를 덮어주기만 하면 밀옴을 키울 수가 있다.

모이인 밀겨는 다 먹기 전에 보충해 주도록 한다.

기르는 장소는 건조된 곳이 좋으며 어미충으로 유충을 번식시키고자 할 때는 따뜻한 곳에서 밀옴의 성장을 지연시키고, 새모이를 오래도록 주려면 서늘한 곳에 둔다.

금계(金鷄), 은계(銀鷄)

금계·은계에서 즐기는 것
• 자태나 동작을 본다

최근 새의 범주에는 들지 않지만 색채가 아름다운 꿩(닭과는 하등 관계가 없다) 종류도 관상용으로 기르게 됐다. 그 중에서 옛부터 세계 각지에서 기르고 있는 대표적인 종류를 금계, 은계가 있다. 가

● 금계(Golden Pheasant)

원산지는 중국이다. 암컷은 정말 금빛으로 꽃이 핀 것 같은 아름다움을 지닌 꿩이다. 온몸이 금빛에 머리나 목, 허리에 오묘한 장식날개가 있다. 암컷은 황갈색으로 복부 중앙을 제외한 전신에 암갈색의 옆 방향으로 줄무늬가 있다.

● 은계(Lady Amherst's Pheasant)

원산지는 중국이다. 금계보다 몸집이 한 둘레 크며 암컷은 청색, 백색이 주체이며 적, 황, 녹, 보라 등이 혼합된 금계보다 기품이 높은 우아한 새이다. 암컷도 금계의 암컷과 매우 흡사한데 얼굴의 노출부가 푸르다.

금계나 은계를 비롯하여 꿩 종류에 속하는 새는 암컷에 비해 수컷이 매우

아름다운 색채나 장식날개를 갖고 있다. 이것은 번식기에수컷이 암컷을 유인하기 위해서이다. 공작새가 날개를 펴 우아함을 과시하고 있는 것이 전형적인 예이다.

금계, 은계 사육에 필요한 것

금계, 은계 등 꿩 종류의 사육법은 거의 같다.

●가금사

가금사의 넓이는 2～8평방미터가 바람직하다. 높이는 2m면 충분하며 천정에는 일부 비막이 지붕을 해 준다. 금사 주위는 마늘모꼴의 튼튼한 철망을 친다.

꿩종류는 밤이 되면 높은 나무 위에서 앉아서 잔다. 지붕 아래에 횃대를 만들거나 식목을 하여 횃대로 사용한다.

바닥은 모래나 흙바닥이 사용하기에 알맞다.

●필요한 용구

모이그릇, 급수기 등 모두 닭 사육의 것이면 된다.

●금계, 은계의 모이

배합사료 피, 조, 옥수수, 수수,어분(魚粉), 굴껍질, 해초 등이 배합된 닭의 배합사료가 적당하다.

푸른 야채, 칼슘분 주식인 배합사료 외에 양배추, 유채 등 푸성귀를 잘게 썰어서 주며 번식기에는 호박씨나 굴껍질 등을 소량 첨가한다.

※

하루의 모이량은 한마리당 배합사료

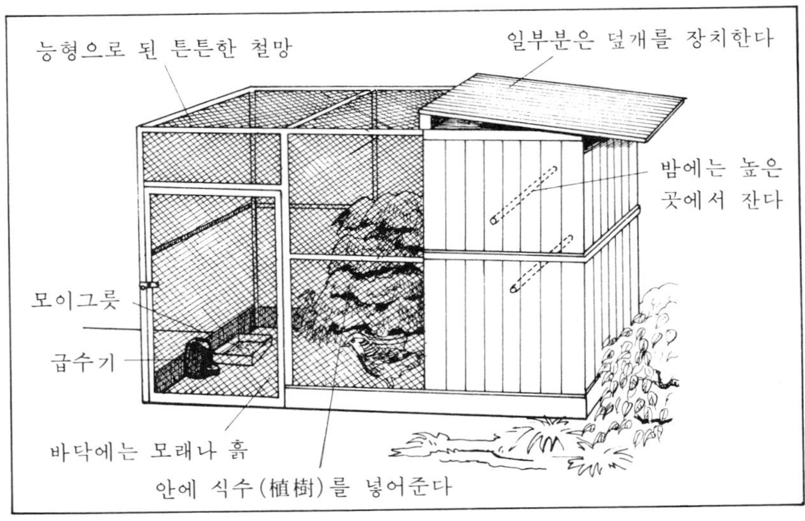

금계, 은계의 가금사

100g , 청채 20~30g 정도이다.

꿩용의 고형사료도 시판되고 있어 이을 이용해도 충분히 사육할 수 있다.

금계, 은계의 사육관리

● 매일의 관리, 계절의 관리

금계, 은계 다 추위나 더위에 강하고 튼튼한 새이므로 사육은 비교적 간단하다.

다만 번식기(3 ~ 7 월 중순)에는 수컷이 빨리 발정하는 경향이 있어 암컷을 귀찮게 쫓아다녀 부상을 입히는 수가 있어 주의해야 된다. 가능하면 몸을 숨길 수 있는 상자 따위를 넣어준다.

모 이	매일 새 모이를 보충해 준다
물 갈 이	신선한 물을 충분히 준다
청 소	매일 청소한다
가금사의 점 검	철망 등을 망그러지지 않았는가를 살핀다

금계, 은계의 매일의 관리

여름에는 차광해 주며 겨울에는 북풍을 막기 위해 판자나 비닐로 막아주는 것도 잊어선 안 된다.

금계, 은계의 번식법

● 산란 전후의 관리

산란은 4 월 중순부터 시작한다. 산란은 7 월 초까지 격일로 1 개씩 낳아 전체 30 개 정도로 낳지만 수정란은 20 개 정도이다. 자작 포란하지 않으므로 부란기를 사용하는데 일반 가정에서는 가모(당닭)를 사용하는 것이 확실하며 간단하다.

● 부화 후의 관리

부화일수는 23~24 일 정도이다. 부화한 새끼에게는 다음 날까지 모이를 줄 필요가 없다. 첫 모이를 주는 것은 부화 후 48 시간이 지나서이다. 유추용 배합사료를 물에 개어서 첫 1 주일간은 종이 위에 흩어놓아 준다. 첫 모이를 주는 첫날만은 노른자위만을 주고 2 주일째부터 유추용 사료와 병용하도록 한다.

금계나 은계의 새끼는 닭의 병아리보다 동작이 활발하며 원기가 좋으므로 키우는 것은 가모에 맡겨두면 된다. 알에서 부화되었다 하여 새끼와 가모를 떼어놓지 않도록 한다.

또한 보다 많은 새끼를 번식시키려면 수컷 한 마리에 암컷 2 ~ 4 마리를 사육하는 것이 이상적이다.

금계나 은계 등 꿩 종류는 닭의 대표적인 질병이며 전염이 강한 뉴캐슬병에 걸리는 수가 있다. 이 병은 예방이 제일이므로 새끼에 뉴캐슬병 왁진의 예방 접종을 맞히도록 해야 한다.

원 포인트 어드바이스

※ 새를 잘 쥐는 법

새를 쥐는 데도 손어림이 있다. 너무 꽉 쥐지 말고, 너무 헐렁하게 쥐지도 말며 느슨하면서도 도망가지 못하게 단단히, 그러나 새가 괴롭지 않게 호흡을 하는 손어림을 알아 두어야 한다.

대형 앵무와 같은 부리가 날카로운 새를 쥘 때는 부리에 막대를 물게 하여 그 사이에 머리를 누르며 쥔다.

새를 오래 손에 쥐고 있으면 안 된다. 손 안에 새의 심장은 두근거리며 빨라지며 호흡도 약해지기 쉽기 때문이다. 일이 끝나면 되도록 빨리 손에서 놔준다.

앵무새류와 같이 부리가 날카로운 새는 머리를 쥔다

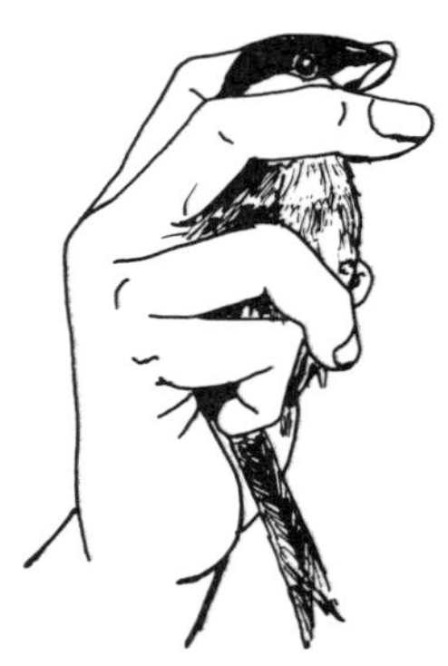

카나리아, 핀치류를 쥘 때는 감싸듯이 살며시 쥔다

야조(野鳥)와 친해지는 법

야조의 자연보호

야산이나 숲속에서 생식하고 있는 야조는 봄에서 여름동안 또는, 가을에서 겨울동안만 있는 철새 그리고 1년내내 생활하고 있는 유조(留鳥) 등, 주의깊이 살피면 우리들과 가까운 곳에도 많은 야조가 생식하고 있음을 알 수가 있다.

야조를 기르는 목적은 울음소리를 즐겨 듣는 예가 많아, 아름다운 소리로 지저귀는 수놈만 기르기 때문에 암놈을 기르는 예가 적어 양조와 같이 번식에는 결부되지 않았다.

야조는 야산을 날라다니고 있는 새로 그 야생에서의 모이는 잡초의 씨앗, 과일 등 외에 곤충류를 먹으며 생활하고 있다. 따라서 이런 새는 익조(益鳥)인 것이다.

이들 익조인 야조는 인간의 생활이 진보함에 따라 즉, 대기오염과 농약살포에 의한 대량사멸 등의 여러 악조건에 의해 감소되어 가고 있는 것이 많아졌다.

그래서 자연보호를 도모하는 의미에서 야조(철새 등 포함)를 함부로 포획하거나 사살하는 행위는 엄히 보호되고 있는 것이다.

야조는 여하튼 개인이 사육하지 말고 야산에서의 자연스런 소리를 즐기는 것이 바람직하다. 그리고 야조가 생식하는 아르다운 자연을 조금이라도 파괴하지 말고 보호해 나가야 할 것이다.

되도록 야조는 야외에서 관찰하자

야조를 뜰이나 창가로 불러들이는 요령

집 주위에도 많은 야조가 생식하고 있다. 여기서는 모이자리나 물자리를 만들어 야조를 불러들이는 요령을 해설한다

이 책을 읽고 새를 길러보려는 당신은 반드시 마음씨가 상냥한, 새를 좋아하는 분이 틀림 없을 것이다. 그러한 당신에게 한 가지 제안이 있다.

소중히 여기는 기분을, 마찬가지로 밖에서 사는 야생의 새들에게도 베풀어 주었으면 하는 것이다. 그것이 참새이거나 박새거나 동박새 든 간에 당신의 동무로 삼아보라는 것이다.

참새따위등 지금까지 관심도 없던 야조도 가까이에서 관찰하면 뜻하지 않는 일면이 발견되는 수도 있는 것이다.

● 불러들이는 요령

작은 뜰의 울타리나 담장에 간편한 모이나 물 먹을 자리가 있다면 야조는 어디든 찾아온다.

야조를 마당으로 불러들이는 요령은 모이나 물을 언제나 주어야 한다. 그리고 모이나 물을 먹으려고 온 야조가 놀랐을 때 피신할 수 있는 큰 나무가 있으면 아주 도망가지 않게 되는 것이다.

● 모이 주는 법

모이를 땅에 뿌려놓아도 상관 없다. 그러나 손수 모이대를 만들어 놓는 것이 보기에도 좋고 야조도 안전하다.

모이대는 아무것이든 상관없으나 지

모이상자 만드는 법

상에서 조금 높게 하여 개나 고양이 등으로부터 야조가 노림을 당하지 않도록 한다. 모이대의 한쪽을 운두가 없게 하면 먼지나 빗물이 고이지 않아 언제나 청결하다.

모이대는 확 트인장소에 놓도록 한다. 개나 고양이가 숨을 장소가 있는 곳이면 안 되기 때문이다.

모이는 빵이나 피, 조 따위의 배합사료,해바라기씨나호박씨 쥬스 등이다. 계절에는 사과나 감 등 과일을 반으로 잘라 주도록 한다.

또한 겨울철에는 라드, 마아가린과 같은 지방분이 많은 모이를 좋아한다. 이러한 모이를 주면 참새, 동박새, 박새, 찌르레기 등이 늘 찾아오며 때로는 철새가 찾아오기도 한다.

● 물자리와 둥지상자

야조는 수욕을 좋아하며 물이 조금만 고여있어도 그것을 마신다. 모이대와 같은 장소에 물자리를 구비하면 야조는 즐겨 이용한다. 물자리에는 운두가 얕은 용기를 사용, 2～3㎝ 깊이로 물을 넣는다.

둥지상자를 뜰에 달아놓으면 박새나 찌르레기 등이 둥지상자를 이용한다. 이러한 야조에 알맞는 둥지를 만들어 뜰에 있는 나무에 걸어놓으면 뜰에 야조를 불러들이는 방법이 된다.

● 베란다로 불러들이는 요령

물론, 뜰이 없어도 가능하다. 아파트의 베란다에 과자상자의 뚜껑이나 판자조각으로 만든 모이대라도 상관없으므로 부착시키도록 한다. 그리고 정해진 시간에 빵부스러기나 먹다 남은 밥을 주어보도록 한다.

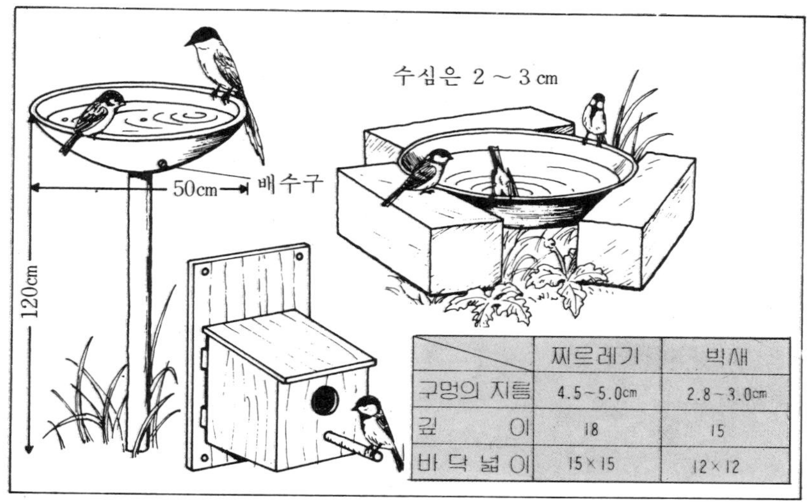

	찌르레기	박새
구멍의 지름	4.5~5.0cm	2.8~3.0cm
깊 이	18	15
바 닥 넓 이	15×15	12×12

인공새집과 물그릇 설치법

이제까지는 염두에도 없던 지붕의 참새가 당신의 친구가 될 것이다.

단, 베란다에 야조를 부를 때 야조의 배설물이 아래층으로 떨어지지 않도록 모이대 설치 장소 등을 주의해야 한다.

야조를 기르는 법

● 기본적인 요령

최근에는 뜰에 야조를 불러들여 즐기는 것이 문화인의 상식이라고 한다. 그러나 한편 부자연스러운 보호라 하여 반대하는 사람도 있다. 이상적인 것은 역시 대자연이 영위하는대로 산야에서 계속 종속보존을 할 수 있다면야 그 이상 바랄 것이 없겠다.

여하튼 여하한 동기에서든 야조사육의 참고를 위해 기본적인 요령을 설명하기로 한다.

야생 그대로의 것을 갑자기 좁은 새장에 넣으면 대부분 신경이 예민하여 머리를 부딪치거나 날개나 다리를 상하거나 하여 모이도 잘 먹지 않게 된다.

그래서 우선 새장의 선택을 잘 해야 한다. 나무상자새장이나 대나무장 등을 사용하되 사면을 전부 노출시키지 말고 앞면도 얇은 창호지로 씌어 줘 조용한 분위기를 조성해 준다.

며칠이 지나면 조금씩 익숙해지므로 전면을 열고 주위도 점차 벗겨 주도록 한다.

그리고 주거인 새장이나 모이그릇, 물그릇 등의 용기를 깨끗하게 해야 한다. 이것을 불결하게 하여 두면 습기

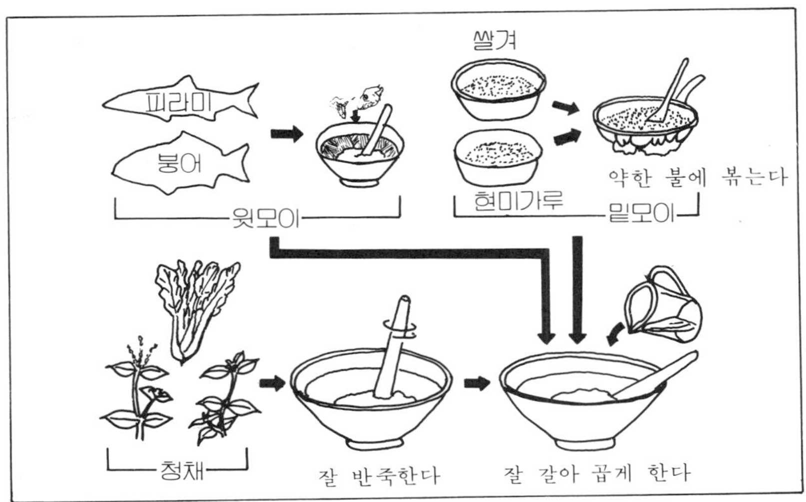

반죽모이 만드는 법

가 생겨 여러 가지 세균이 번식하여 악취가 나고 새가 병들어 죽는다.

● 반죽모이를 주도록

모이는 새의 종류, 연령, 크기에 따라 다르지만 야조에게는 반죽모이로 길들이는 것이 좋다.

산야에 살고 있으면 영양이 있고 좋아하는 벌레를 잔뜩 먹고, 마음대로 날아다니며 건강을 유지하는 것이지만, 이것을 사육조로 기를 때는 먹이로서는 반죽모이밖에 줄 수가 없기 때문이다.

그러나 반죽모이는 처음부터 잘 먹지 않으므로 반죽모이에다 좋아하는 모이 예컨대, 인공으로 양식한 밀옴이나 또는 구더기 등을 놓아주면 먹기 시작한다.

또는 모이에 벌꿀이나 설탕물을 조금 넣어 달게 해 주면 즐겨 먹는다.

이밖에 귤, 포도, 사과 등의 과일도 먹는다.

모이대의 야조

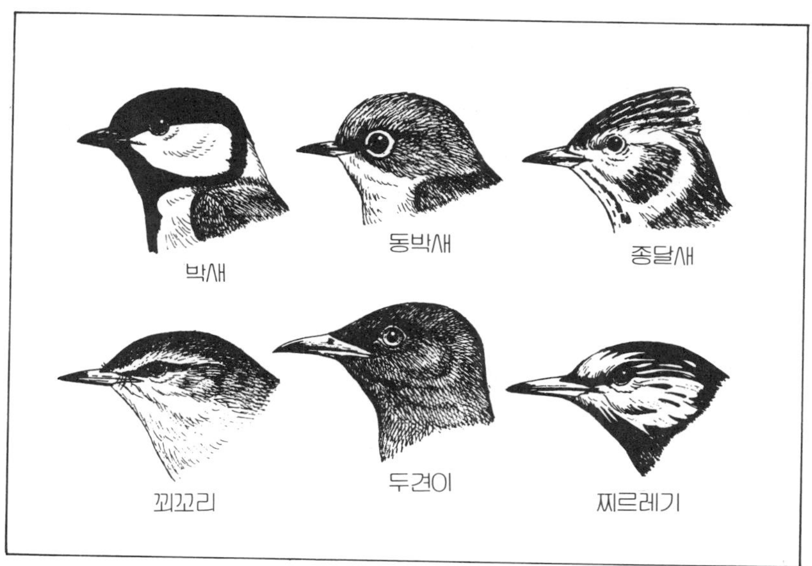

곤충을 잡아먹는 야 조

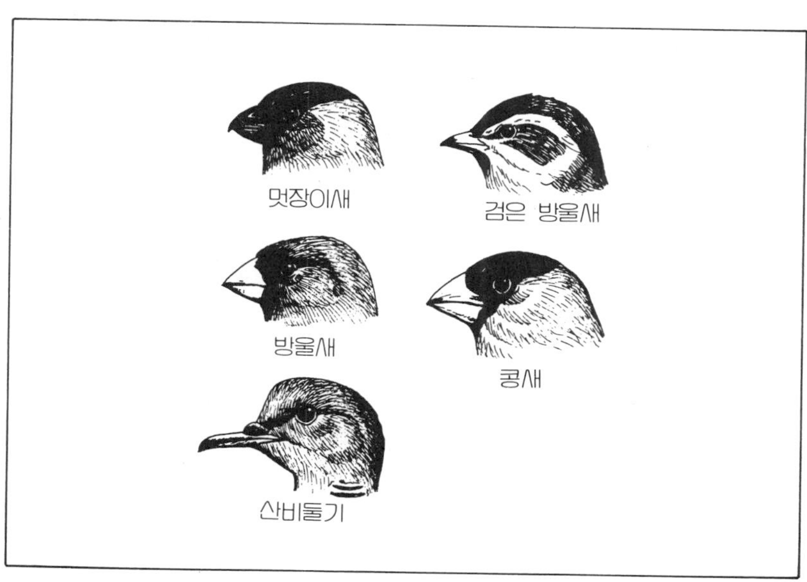

씨앗이나 곡류를 먹는 야조

풀이나 곡류를 먹는 야조

물고기를 잡아먹는 야조

새의 몸체와 질병

새 몸의 구조

적절한 사육관리와 새를 언제나 건강하게 유지시키려면 새 몸의 구조를 알아두어야 한다

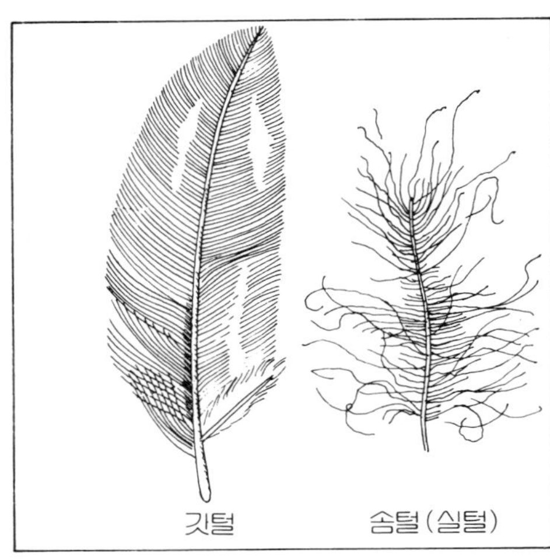

새의 털

새의 외부형태

●깃털

새는 몸 전체에 깃털이 있다. 가볍고 튼튼한 깃털은 날으는데 가장 적격하다. 그리고 털은 가는 가지털이 많이 모여 서로 잘 휘감겨 있어 엄동의 추위나 풍우로부터 몸을 효과적으로 보온한다.

깃털의 수는 보통 1,100~4,600개 정도며, 겨울에는 여름보다 400~1,000개쯤 많이 생긴다.

그리고 번식기가 지난 여름철에 새 깃털이 생기는데 이것을 털갈이라 한다.

●부리

앞발에 해당되는 것이 날개이며 모이를 줍거나 물어뜯는 손구실을 하는 것이 부리이다. 부리는 몸단장, 보금자리 만들기, 공격이나 방어 등의 무기도 된다.

부리의 모양은 새에 따라 다르며 식육성의 독수리, 매, 부엉이 등은 날카로운 구형(鉤形)으로 구부러져 있으며, 벌레를 먹는 것은 가늘고 뾰죽하다. 또한 백로와 같이 물고기를 잡아먹는 새는 창과 같은 긴 모양이다.

단단한 곡물류를 먹는 새의 부리는 굵고 짧으며 앵무류는 크게 구부러져 만력(萬力)과 같다.

●발

두 발로 몸을 지탱하는 새에게는 발은 매우 중요한 것이다. 발가락은 보통 4개에 새끼발가락이 없고 엄지발가락이 뒤에 있어 앞으로 3개 뒤에 1개로 되어 있다. 앵무류는 앞이 2개 뒤가 2개이다.

발 모양도 종류에 따라 달라 물오리류와 같이 물 위에서 생활하는새는 물갈퀴가 있으며, 매나 독수리나 같은 식육성인 새는 날카로운 갈고리발톱이

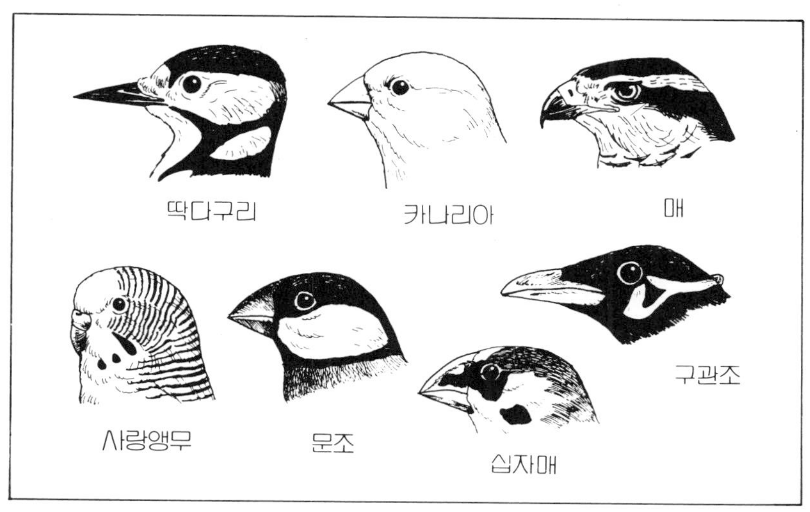

새의 여러 가지 부리모양

있다.

또 날으는 시간이 많아 지상생활이 적은 새는 가늘고 가냘파 보이는 느낌이며 반대로, 지상생활이 많은 새의 발은 굵고 튼튼한 느낌이다. 전자의 예는 제비, 후자의 예는 꿩 종류이다.

● 눈

새의 눈은 일반적으로 날씬하며 색채의 구별을 한다고 한다. 인간의 경우 한쪽 눈으로 사물을 보면 원근감을 파악하기 어려운데 새는 한 눈으로 보는 단안시(單眼視)와 양 눈으로 보는 양안시(兩眼視)의 두 가지로 볼 수가 있다.

새가 머리를 숙이고 유심히 사물을 보고 있는 것은, 한쪽 눈의 핀트를 맞춰 잘 살펴보려는 행동거지이다. 눈의 위치는 식육성이나 종류에 따라 다르다.

● 귀

포유(哺乳) 동물에서 보이는 것과 같은 외의(外耳)라는 것은 없고 구멍이 뚫려 있을 뿐이다. 귀는 눈 뒤편에 있으므로 보통 깃털에 덮여있어 외관으론 보이지 않는다. 그러나 귓구멍이 어느 부분인가는 깃털의 밀도가 얇아 살피면 금방 알 수 있다.

새의 내부구조

● 새의 근육과 골격

새는 날개를 움직이기 위해 흉부의 근육이 매우 발달되어 있어 튼튼한 새는 이 근육이 부풀어올라 있다. 또 발도 근육이 발달하여 대퇴부에는 큰 근육이 붙어 있다. 이것은 발로 몸을 지탱하거나 흙을 파헤치기 때문이다.

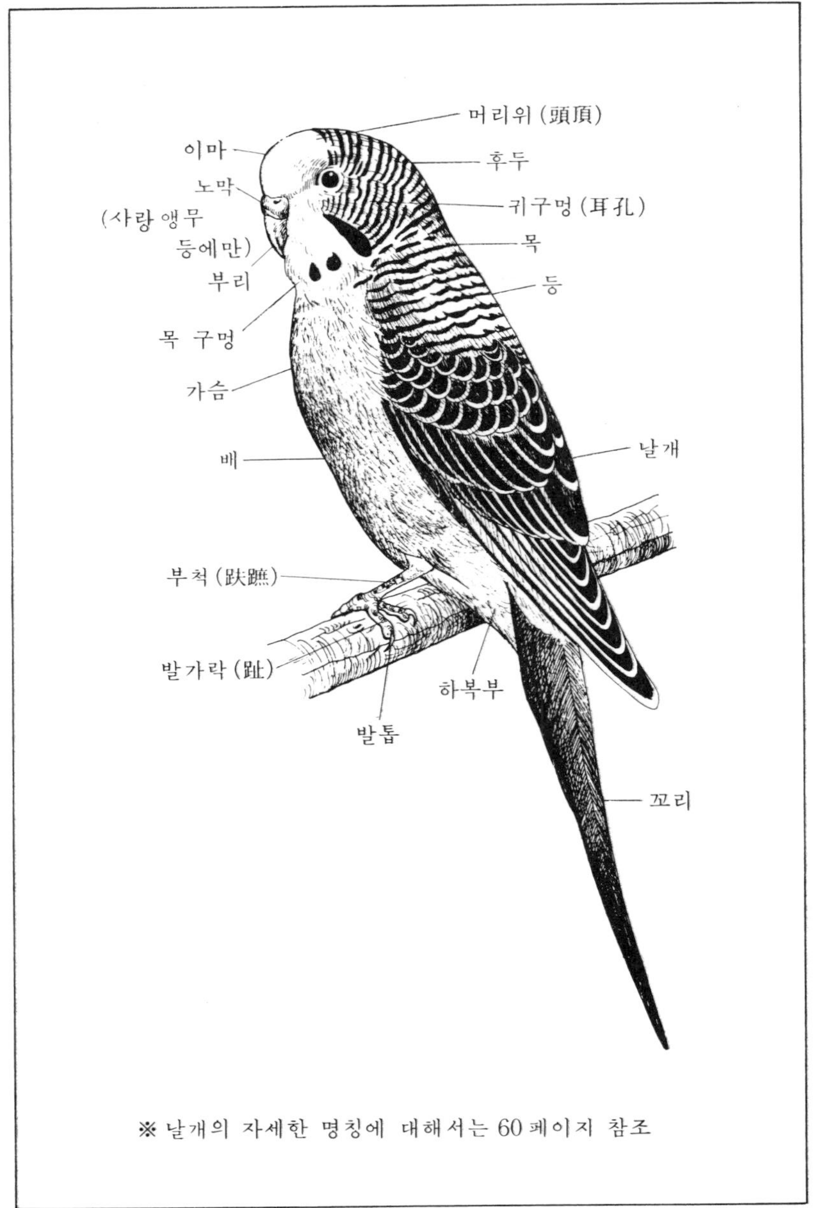
머리위 (頭頂)
이마
후두
노막
(사랑 앵무
등에만)
귀구멍 (耳孔)
목
부리
등
목 구멍
가슴
날개
배
부척 (趺蹠)
발가락 (趾)
하복부
발톱
꼬리
※ 날개의 자세한 명칭에 대해서는 60 페이지 참조

새 몸체의 명칭

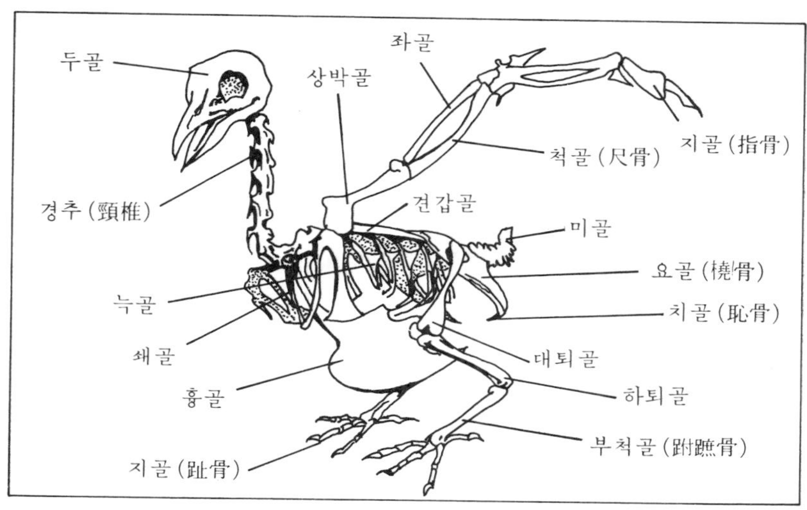

새의 골격

또 새의 골격은 날기 위해 매우 가볍게 돼 있다. 포유류의 뼈는 단단한 뼈속에도 골수(骨髓)로 차 있지만, 새의 경우는 뼈속이 비어(空洞) 있다.

조류의 골격은, 목, 발, 날개의 관절은 잘 움직이는데 몸 전체는 상자와 같이 꽉 고정돼 있다.

● 새의 호흡기

새의 폐(肺)는 늑골에 꽉 붙어있어 포유류와 같이 수축, 확장성이 없다. 그 대신 몸 속에 기랑(氣囊)이라는공기주머니를 갖고 있어 그 기랑으로 공기를 교한하는 것이다.

또 기랑은 호흡기로서의 기능 외에, 몸을 가볍게 하여 날기 쉽게 하여 날고 있을 때에 생기는 열(熱)을 식히는 역할도 하는 것이다.

● 새의 소화기

소화기계는 입에서부터 시작되는데 새의 경우는 부리에 이가 없어 식물을 그냥 삼킨다. 그래서 식도(食道)는신축성이 잘 돼 있다.

새는 식물을 그냥 삼켜버리므로 종류에 따라서는 식물을 일시 저장해 두는 소랑(嗉囊)이라는 기관이 있다. 곡류 등 단단한 식물은 여기서 수분을 흡수, 부드러워져 소화를 잘 되게 한다.

소랑은 앵무, 꿩, 비둘기 등 씨앗이나 곡물을 먹는 종류에 있고 새끼 때는 목의 밑둥 부분에 불룩 부풀어져 안에 모이가 있는 것이 보인다.

소랑 아래로 내려가면 선위(腺胃) 또는, 전위(前胃)라 불리우는 것이 있어 여기에는 소화액을 분비하는 선(腺)이 모여있다.

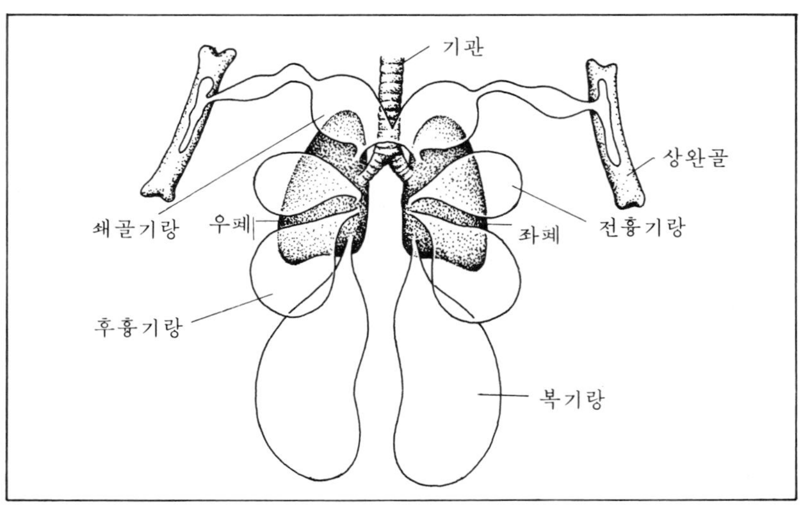

새의 호흡기

선위에 계속하여 속칭 소래주머니와 일컷는 근위(筋胃)가 있다. 근위는 아주 질긴 근육으로 돼 있어 안에 모래 따위가 들어가, 식물을 분쇄하는 역할을 한다.

장(腸)은 매우 짧고 새 몸의2~3배 밖에 안 되며 개중에는 1.5배밖에 안 되는 것도 있다. 날기 위해서는 몸이 무거워지므로 긴 장에 많은 식물을 저장하지 못하는 것이다. 따라서 새는 먹은 것을 깜짝할 사이에 배설한다. 빠른 것은 불과 30분 정도, 보통의 것도 몇 시간이다.

이러한 관계로 새는 늘 모이를 먹는 것이다. 더구나 새의 신진대사는 너무 빨라 모이에서의 에너지 보충이 없으면 금방 약해진다.

새의 모이를 하루라도 잊으면 다음 날 아침 새가 죽어버렸다는 것은 그러한 몸의 구조이기 때문이다. 그래서 모이는 하루라도 거르지 않는 것이 중요하다.

●새의 생리치(生理値)

새는 몸의 신진대사가 매우 빠르기 때문에 체온, 맥박, 호흡 증의 생리치는 포유류와 크게 다르다.

새의 체온은 보통 40도 이상으로,우리 인간으로는 고열 때문에 쓸어질 정도이다. 또 체온과 마찬가지로 심박수, 호흡수도 매우 많아, 신진대사가 아주 활발한 것임을 시사하는 것이다.

그러므로 새가 쇠약해졌을 때는 신진대사가 저하하기 쉽고 체온도 곧 떨어지므로 무엇보다 먼저 보온이 필요한 것이다.

●새의 수명

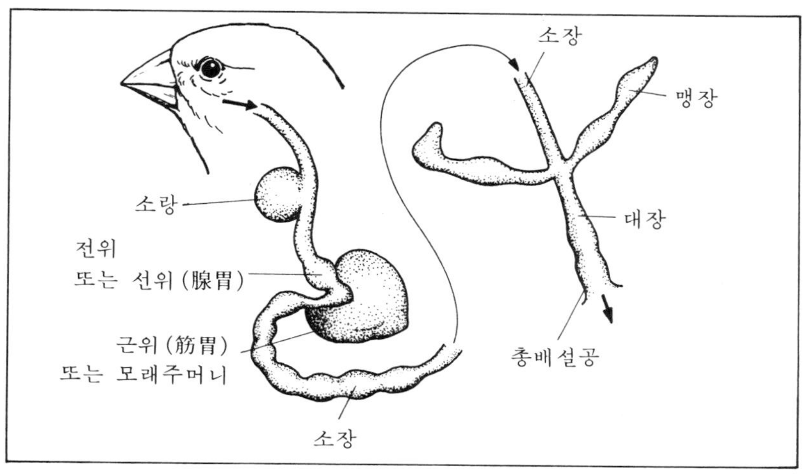

새의 소화기

새의 수명은 정확히 알려져 있지 않다. 새를 충분한 주의와 애정으로 사육하면 오래 산다. 카나리아 등 흔히 사육하고 있는 새의 수명은 10년 전후가 많으며 큰유황앵무 등의 대형앵무는 50년을 넘기는 것도 있다.

새의 생리치(生理値)와 수명

종 류	체 온(℃)	심박수(회/분)	호흡수(회/분)	수 명	최고 수명
카나리아	41～42	560～1000	96～144	10년 전후	22년
문조				10년 전후	
십자매				10년 전후	
핀치	41～42	600～1000	120～190	10년 전후	
비둘기	41.9～43	120～140	30	10년 전후	30년
오리					19년
닭	40～42	100～150	120		30년
큰유황앵무					56년
대형앵무					80～100년
종달새				10년 전후	24～25년
참새				10년 전후	23년
까마귀				50년 전후	100년
금강앵무	41.9	120～220	55～78		
앵무새	41.9	140～200	36		
사랑앵무	41～42	250～600	8～100		
모란앵무	41～42	260～280	120～132		
구관조	41～42	110～192	22～50		

새의 질병과 치료

새의 질병은 조기 발견이 포인트라 여기서는 병조의 발견법, 각 질병의 증상, 원인, 치료법에 대해 설명한다

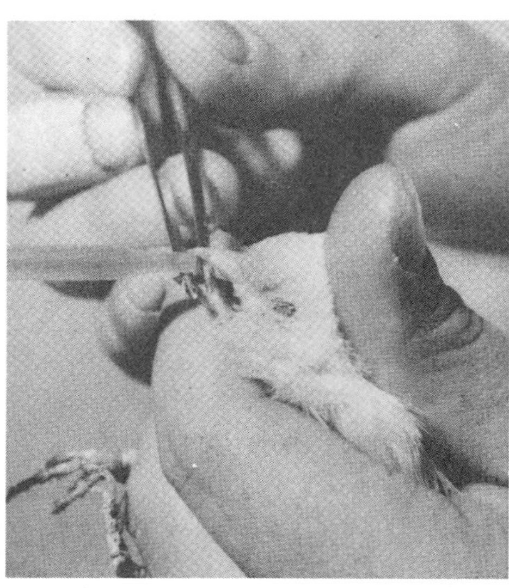

기르는 새라 해도 작은 홍작에서 큰 금강앵무까지 크기, 자태, 모양은 각가지이다. 그러나 병이 걸렸을 때의 증상이나 치료법은 거의가 공통적이다. 다만 몸이 작은 새는 체력적으로 매우 약하므로 조그만 실수로 사망하게 하는 수가 있다. 또 병의 종류에 따라서는 새 종류에 따라 걸리기 쉬운 것이 있고 그렇지 않는 것이 있다.

질병의 예방, 치료에 제일 중요한 것은 병이나 부상을 일각이라도 빨리 발견하는 것이다. 조기발견에는 매일의 주의깊은 관찰이 필요하다.

병조(病鳥)의 발견법

조기발견의 기본은 매일 주의깊은 관찰에 있다. 매일 보고 있으면 사육하고 있는 새의 아주 사소한 이상도 간과하지 않게 된다.

● 팽우시민(膨羽嗜眠)

깃털을 부풀리고 졸고 있는 상태이다. 모든 질병의 경우에 나타내는 고통적인 증상으로 원기가 없이 횃대에 앉은 채 요동을 하지 않고 부리를 깃털속에 파묻고 눈을 감거나 반쯤 뜨고 꾸벅꾸벅 졸고 있다.

● 식욕부진

병이 나면 자연히 식욕이 없게 된다. 평소 때보다 모이가 많이 남은 경우는 주의한다.

● 녹변, 설사

녹색의 변이나 똥이 묽거나 점액이나 혈액이 섞여있는 경우 소화기가 고장난 것이다. 그런 때 배설공 주위의 털은 더러워져 똥이 묻어있다.

● 재채기, 콧물, 눈곱

재채기를 하거나 콧물을 흘리면 감

병조 발견법

기 증상이다. 그냥 내버려두면 폐렴이 되므로 빨리 대처한다. 콧물이 나오면 호흡이 곤란해져 개시(開嘴) 호흡이라 불리우듯이 부리를 벌리고 호흡하게 된다. 눈꼽도 끼게된다. 또한 호흡이 괴로와지면 호흡할 때마다 꼬리가 위 아래로 움직이게 되는데 이렇게 되면 상당한 중증이다.

● 절뚝걸음, 변형

절음발이로 끌거나 날개가 축 처지거나, 발이 흔들흔들거리거나, 자체에 이상이 있는 경우이다. 타박이나 골절, 탈구 등을 의심한다.

● 탈우(脫羽)

깃털이 빠지는 것은 피부병의 증상인데 늦여름에는 털갈이가 있다. 이 털갈이는 정상적인데 탈우와 털갈이는 구별이 어려우며 특히, 새끼에서 어미로 깃털이 변할 때 이상적 현상이 나타나므로 주의가 필요하다.

※

병이 나면 이상과 같은 증상을 나타내므로 이런 점을 매일 청소 때 등 자세히 살펴야 한다. 손노리개앵무 등 손으로 잡아도 놀라지 않는 새라면 정기적으로 체중은 계량해 보면 좋을 것이다.

병조의 응급요법

새는 작으며 체력도 없으므로 병조를 발견하면 빨리 전문가에 보이는 것이 중요하나 그에 앞서 응급조치를 해 해야 한다.

● 격리, 안정

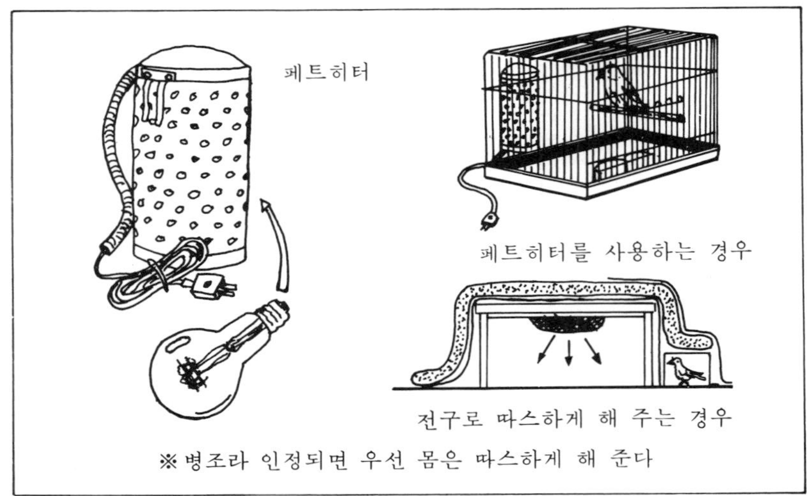

병조의 응급처치

몇 마리를 함께 기르고 있을 때는 전염병의 위험성도 있어 쇠약해진 새를 안정시켜 보온시켜 주기 좋게 다른 새장에 옮긴다.

● 보온

체온이 내려가면 몸의 기능은 모두 저하되어 더욱 쇠약해지므로 병조를 따뜻하게 해 주는 것이 무엇보다도 필요하다.

웬만한 병인 경우는 따뜻이 해주기만 하면 곧 원기를 회복하는 정도의 효과가 있는 것이다.

보온에는 보통 적외선 램프를 사용한다. 250W 정도의 램프를 새장에서 약 50㎝쯤의 거리에서 쪼여주어 조롱안의 온도를 30도 쯤 유지시키는 것이 필요하다.

적외선 램프가 없는 경우는 60～100W쯤의 백열전구도 괜찮다. 이 경우는 10㎝쯤 가까이에서 따뜻하게 해 준다.

또 새장 주위에 검은 천 등으로 가려주어 새를 안정시킨다. 이밖에 보온의 방법으론 페트 히터를 사용해도 된다.

호흡기의 질병과 치료

● 감기

일반적으로 감기라 불리우는 것이 대부분이다.

증상 재채기나 기침을 하는 것이 초기 증상이다. 새는 울지 않게 된다. 증상이 경과되면 콧구멍에서 점액이 나오게 된다. 식욕이 없고 몸을 부풀리고 졸며 호흡이 곤란해진다.

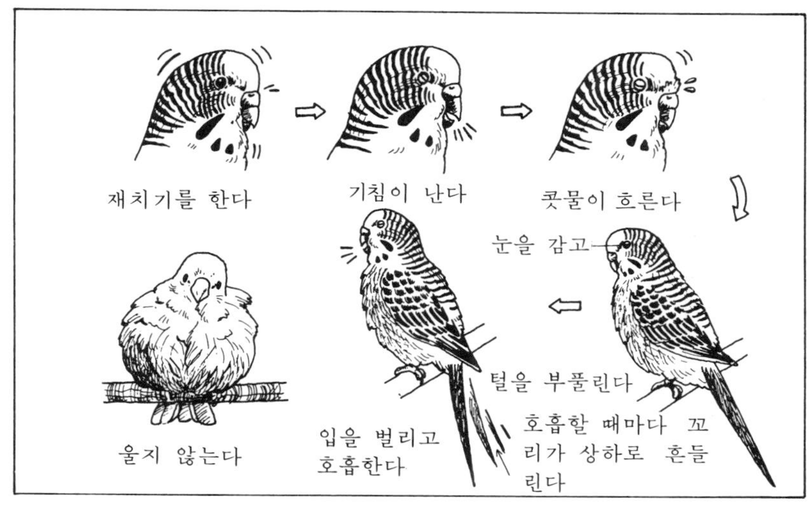

감기의 증상

호흡수가 증가하여 부리로 호흡하며 그때마다 꼬리 끝이 상하로 움직인다.

원인 원인은 추위가 첫째로 꼽힌다. 수입조는 추위에 약하므로 주의해야 한다. 바이러스가 원인으로 일어나는 수도 있다.

치료법 우선 보온요법을 빼놓을 수 없다. 30~32도쯤으로 온도를 높여준다(이때 습기를 가한다). 다음 설파제나 항생물질을 투여한다.

코막힘이 심할 경우는 흡입기를 이용하여 중조수(重曺水)나 항생물질(카나마이신, 겐타마이신 등)을 증기흡입시킨다.

또는 인삼을 달인 물을 주거나 구명환 한 알을 준다. 포도주를 소량 물에 타서 먹여도 좋다.

모이는 소화가 잘되는 예컨대, 우유에 적신 빵이나 물에 불린 조 등을 주며 신선한 물을 준다. 물에는 비타민제 한방울을 떨어뜨린다.

소화기의 질병과 치료

비교적 많은 질병으로 구토나 설사, 소화불량, 변비 등의 증상이 보인다.

● **구토**

증상 구토는 식체 등의 원인 외에 사랑 앵무나 앵무새 등에서는 구애행동이나 육추시에 보인다. 병적인 구토일때는 식욕이 없고 물을 많이 먹으며 괴로워서 추운듯이 움추리고 있어 구별할 수 있다.

치료법 구토가 보일 때 먼저 해야 할 치료는 보온요법이다. 원인에 따라 치료법은 다르지만 식체의 경우, 소랑 안의 것을 제거, 항생물질(네트라사이크린)을 먹인다.

● 설사

원인 설사의 원인은 여러 가지가 있으나 질이 나쁜 모이(묵은 청채, 더러운 물, 습한 씨앗)가 가장 일반적이다.

치료법 치료는 보온요법은 물론이고 경증인 경우 2～3일 모이의 질을 바꿔 우유나 유산균제제와 같은 정장제(整腸劑)를 준다.

또 똥에 점액이나 혈액이 섞여있는 경우 세균감염의 의심이 있으므로 항생물질(만피시린, 카나마이신, 데토라사이크린 등)을 주어야 한다.

● 소화불량

증산 식물이 소화되지 않은 채 배설되는 경우이다.

원인 원인은 장염, 근위의 위축 등도 있으나 보통 소화보조용인 모래의 결여에서 오는 경우가 많은 것 같다.

치료법 그러므로 새장바닥이나 모이그릇 안에 언제나 잔 모래를 넣어주는 것이 치료법이며 예방법이기도 하다.

● 변비

증상 똥모양이 작고 딱딱하며 검고 배설할 때 엉덩이를 상하로 흔들고 또 엉덩이를 물거나 한다. 때로는 탈홍이 수반되는 수가 있다.

원인 청채를 주는 양이 적은 것이 원인이다.

치료법 치료는 경증에는 청채나 하루저녁 물에 불린 씨앗을 매일 주도록 한다. 중증인 경우 파마자유를 스포이트로 넣어 준다.

파행(破行 : 절뚝걸음)과 치료

조류의 파행은 구루병, 지루병(趾瘤症) 등 외에 타박증, 골절에서도 생긴

다.

● 타박증

원인 조류끼리의 싸움이나 새장 안에서의 사고가 원인이 된다.

치료법 다른 새와 격리시켜 안정시키는 것이 효과적이다. 부운 부분에는 국소의 혈행이 잘 되는 연고나 습포제를 바르면 부기가 빠진다.

● 골절

원인 타박증의 원인과 대체로 같다.

증상 발의 뼈가 부러졌을 때는 날개나 발을 질질 끌며 걷는다.

치료법 골절이라 진단되면 세로테이프, 창호지 등으로 감아주는 간단한 치료법이 있다.

※

【창호지로 감아 주는 치료법】

1. 뼈를 편 후 부목을 대고 고정.
2. 종이를 1㎝쯤 잘라 그곳에 리바놀액을 바르고 골절부에 감아준다.
3. 그 위에 다시 부목을 대고 실로 동여맨다.
4. 다시 한 번 리바놀액의 종이를 붙인다.
5. 2~3주일 그대로 두며 모이에 칼슘분을 많이 준다.

※ 비타민제(ADE) 등을 주면 회복이 빠르다.

6. 골절부가 완전히 유합된 후 부목을 벗긴다.

털갈이와 그 치료

● 푸렌치몰트

푸렌치몰트는 주로 새랑새잉꼬의 새끼에서 보이는 질병이다.

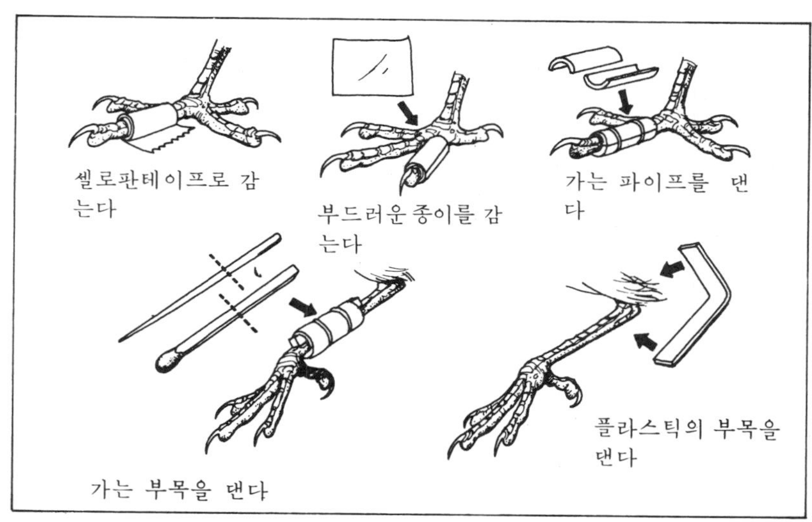

골절시의 치료

증상 털갈이가 제대로 되지 않아 흐늘흐늘 1년내내 털이 빠져 언제나 일정하지 않은 털모양이다.

원인 원인은 영양불량, 홀몬의 언밸러스, 외부 기생충, 신경성인 것, 세균감염 등이 있으나 아직 확실한 정의는 없다.

치료법 치료법으로는 루고루액을 물에 타는 방법이 있다. 루고루액을 하루에 한 방울씩 처음 1주일은 매일 주며 2주째부터는 1주일동안에 2일만 주도록 한다.

이밖에 유합가루와 조개껍질가루를 반죽모이에 섞어 주도록 한다.

외부 기생충에 의한 질병과 치료

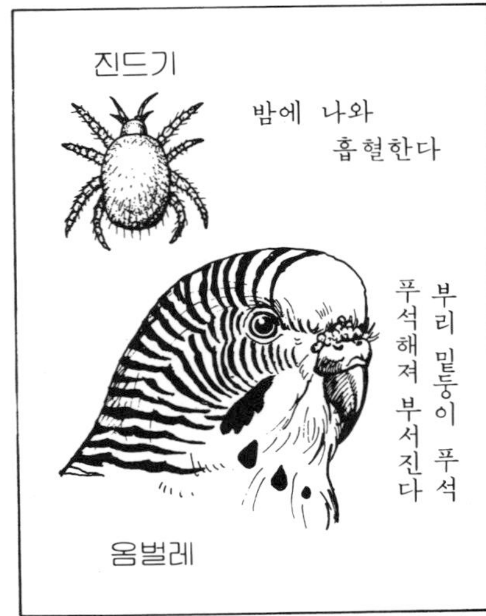

외부 기생충에 의한 질병

날개 골절시의 고정법

조류의 외부 기생충에는 우충(羽虫), 진드기, 옴벌레 등의 유해기생충이 있다.

● 진드기

증상 진드기는 낮에는 새장 구석에 숨어 있는데 밤이 되면 기어나와 흡혈한다. 따라서 새는 잠을 잘 못자게 돼 밤중에 푸드덕푸드덕 시끄러워져 쇠약하게 된다.

치료법 밤에 새가 진정하지 않으면 진드기라 의심하고 새장이나 둥지, 횃대를 열탕소독한다.

● 옴벌레증

증상 옴벌레증은 사랑새잉꼬에 많으며 부리 밑둥에서 생겨 발로 감염하는 경우가 많다. 부리 밑둥에 작은 구멍이 뚫려 나중엔 푸석돌과 같이 부서진다.

치료법 보통 2유화(二硫化) 세렌

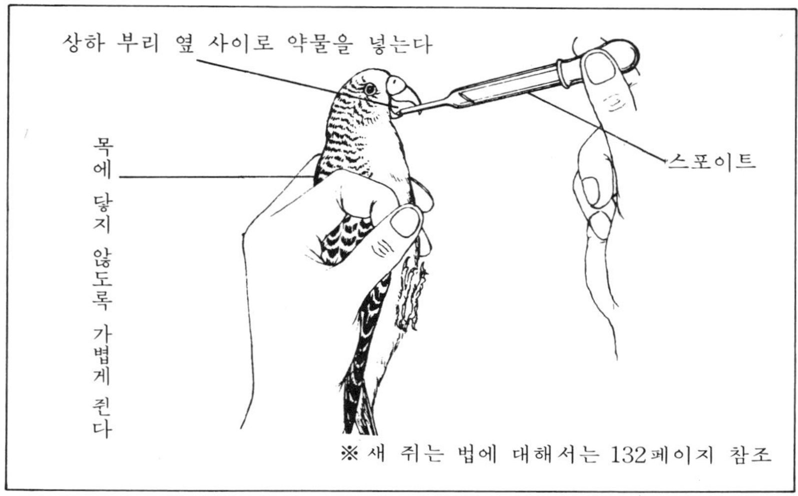

약 먹이는 법

(개나 고양이의 피부병 치료에 쓰이는 약제로 유액(乳液)임)을 면봉 등으로 기생충이 있는 자리에 약제를 꼭꼭 찔러준다.

전염병과 치료

● **카나리아두(痘)**

카나피아두는 카나리아폿켓이라고도 불리우며 천연두와 같은 바이러스에 의해 생기는 전염병이다.

증상 호흡이 괴로워 허덕이며 머리나 목, 그리고 입 안팎에 마마와 같은 독특한 발진이 돌아난다.

치료법 치료는 오레오마이신 등이 다소의 효과가 있다. 그러나 완전한 치료는 기대할 수 없으며 결국 죽는다.

따라서 카나리아두와 비슷한 것이 발견되면 곧 그 병조를 제거하여 다른 새의 감염을 막는 것이 좋다.

● **뉴캐슬병**

뉴캐슬병은 바이러스에 의해 생기는 닭의 전염병으로 유명한데 비둘기나 참새 그리고 핀치류나 카나리아 등에도 걸릴 수가 있다고 알려져 있다.

증상 이 병은 치료법이 없어 호흡기관 증상이나 설사, 신경증상이 나타나자마자 갑자기 죽는 경우가 많다.

예방법 왁진요법이 있다 하나 다른 새에 감염을 예방하기 위해 새를 격리시킨다.

기타 질병과 치료

● **알막힘**

증상 알막힘은 하복부가 불룩해져

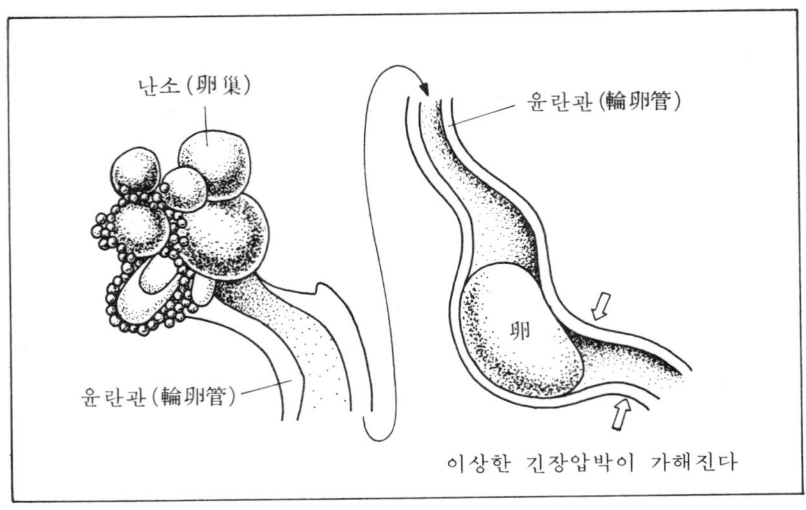

알막힘의 상태

복압(腹圧) 증세도 있다. 병조는 쇠약해져 갑자기 원기를 잃고 가끔 난관(卵管)이 탈출한다. 또 하복부를 만져보면 알이 있음을 알 수 있다.

원인 알막힘의 원인은 추위나 기온의 변화, 칼슘의 부족 난관염, 알의 과성장, 노령, 번식에 의한 피로나 번식기 이외의 산란, 살이 너무 찌는 등이다. 이들 원인이 결국 난관의 경련이나 이완을 일으키고 있는 것이다.

치료법 우선 보온요법을 한다. 최근에는 칼슘제의 피하주사가 효과가 있다는 보고가 나와있다. 마취로 난관이나 복근(腹筋)을 이완시켜 마사지로 알을 꺼내는 것도 효과적이다.

● **털뽑기증**

증상 병이라기보다 일종의 나쁜 버릇이다. 자기의 털을 부리로 빈번히 잡아 뽑는 병으로 앵무 종류에 많이 보인다.

원인 보통은 우충(羽虫)이 원인인데 털에 윤기가 없고 건조했을 때 생긴다. 또 이 병은 새 한 마리만 기를 때 심심풀이로 하는 버릇인 경우도 있다.

치료법 구충제를 가루로 뿌려주며, 영양에서인 경우는 종합 비타민제를 주면 효과적이다. 또 털 뽑기를 직접 막는 방법으로는 엘리자베스컬러라 하는 목에 풀라스틱제의 칼을 끼워준다. 한편, 노리개를 넣어 주면 예방이 되기도 한다.

● **안염**(眼炎)

눈병은 유전인 것이 많아 이 경우는 거의 치유가 어렵다. 눈 속이 희뿌옇게 시각막이 탁해지는 것과 눈알은 검

엘리자베스컬러 끼우는 법

은데 시력이 없는 것이 있다.

한편 외상이나 세균 감염 등에 의해 일어나는 안염도 자주 보인다.

증상 눈꼽이 끼며 양눈 또는, 한쪽 눈을 많이 감게 된다. 외상성인 것은 한 눈만, 전염성인 것은 양눈이 나빠지는 경향이 있다.

치료법 사람이 사용하는 안약(연고로 된 것)으로 말끔하게 치유되는 경우가 많다.

투여 방법 새를 한손에 가만히 쥐고 연고를 아주 소량 눈 위에 넣고 한참 쥐고 있으면 새는 자연히 깜박이므로 약은 눈 전면에 번진다. 눈 주위에 연고가 묻어 있어도 그냥 내버려 둔다.

● 긴 발톱, 긴 부리

증상 사랑새 앵무 등을 새장에서 기르면 발톱이나 부리가 너무 자라는 경향이 있다.

원인 새장에선 운동하는 장소가 한정돼 있어 발톱이나 부리를 충분히 사용하지 못하기 때문이다.

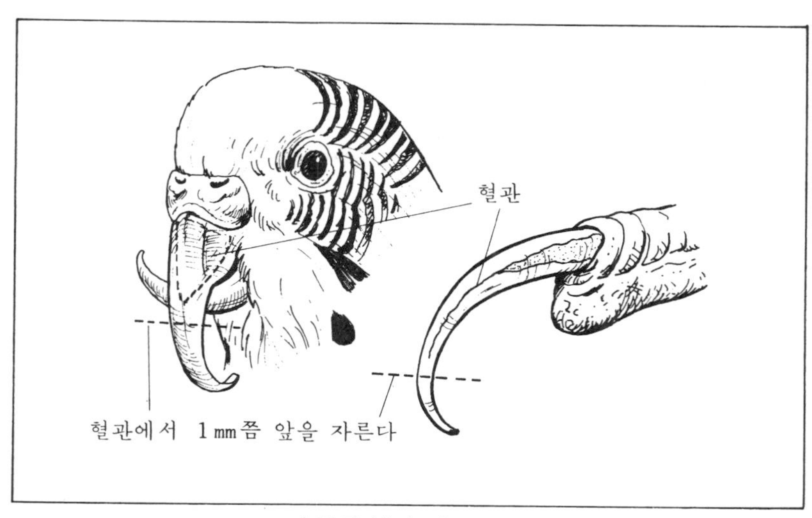

손톱과 부리 자르는 법

그러나 방치하면 긴 발톱이 새장 구석에 걸려 발이 부러지는 사고도 있고, 또, 긴 부리로는 모이도 충분히 먹기 불편하므로 잘라 주어야 한다.

치료법 자르는 부분을 밝은데 비추어보아 속을 통하고 있는 혈관을 확인, 그 1㎜쯤 앞에서 자른다. 도구는 작은 가위나 흔히 사용하는 손톱깎이면 된다. 손톱에서 피가 나올 때는 모기향 불로 지져서 지혈시킨다.

※

영국의 어느 동물원이 펴낸 페트의 사육법 팜플렛에는「새의 질병은 치료보다는 건강하게 기르는 것이 훨씬 수월하다」라 쓰여져 있다. 이것은 새의 병은 치료보다 예방이 제일이라는 것으로, 조류 사육상 명심해야 할 원칙이다.

새기르기와 번식법

발행일 2016년 3월 10일

펴낸이 • 김철영

펴낸곳 • 전원문화사

서울시 강서구 등촌3동 684-1

에이스 테크노타워 203호

T. 6735-2100 / F. 6735-2103

등록 • 1977. 5. 23. 제 6-23호

정가 10,000 원

잘못 만들어진 책은 바꾸어 드립니다.